计算机教育与
可持续竞争力

Computer Education for
Sustainable Competence

"计 算 机 教 育 20人 论 坛" 报 告 编 写 组

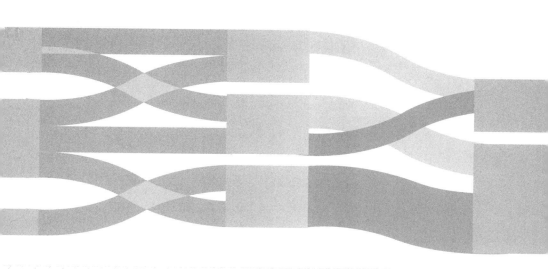

高等教育出版社·北京

内容提要

　　本书为"计算机教育20人论坛"研究成果,从新时代的可持续竞争力培养目标出发,全面阐述可持续竞争力特征与关键要素、敏捷教学的概念与内涵,并重点探讨敏捷教学的教学体系、适应敏捷教学的大学管理与服务支撑体系、面向可持续竞争力的开放教育生态等方面内容。全书共六章,分别为新时代计算机教育的思索、可持续竞争力与计算机教育、面向可持续竞争力的敏捷教学体系、面向可持续竞争力的教育支撑、面向可持续竞争力的开放教育生态、西部高校计算机教育协同发展。

　　本书是对计算机教育变革的一种探索,还需要高校计算机教育工作者从不同角度及更深层面进行教育教学探索和实践,并不断完善与充实其内涵。

图书在版编目(ＣＩＰ)数据

　　计算机教育与可持续竞争力／"计算机教育20人论坛"报告编写组编. --北京:高等教育出版社,2019.1

　　ISBN 978－7－04－051106－2

　　Ⅰ.①计…　Ⅱ.①计…　Ⅲ.①电子计算机-教学研究-高等学校　Ⅳ.①TP3－42

　　中国版本图书馆 CIP 数据核字(2018)第 302154 号

策划编辑	倪文慧	责任编辑 倪文慧	封面设计 赵 阳	版式设计	张 杰
插图绘制	于 博	责任校对 吕红颖	责任印制 赵义民		

出版发行	高等教育出版社	网　　址	http://www.hep.edu.cn
社　　址	北京市西城区德外大街 4 号		http://www.hep.com.cn
邮政编码	100120	网上订购	http://www.hepmall.com.cn
印　　刷	北京中科印刷有限公司		http://www.hepmall.com
开　　本	787mm×1092mm　1/16		http://www.hepmall.cn
印　　张	13		
字　　数	140 千字	版　　次	2019 年 1 月第 1 版
购书热线	010-58581118	印　　次	2019 年 12 月第 2 次印刷
咨询电话	400-810-0598	定　　价	50.00 元

本书如有缺页、倒页、脱页等质量问题,请到所购图书销售部门联系调换

版权所有　侵权必究

物 料 号　51106-00

序

从 20 世纪末开始,社会逐步进入信息时代,与之相伴的高等教育改革也在持续深入推进,特别是计算机教育的改革一直受到社会大众、产业界、政府部门、高等学校以及专家学者的高度关注。

计算机人才培养在信息社会具有特殊的意义,计算机教育教学改革在工科教育教学改革中具有一定的示范作用。各有关高校在这方面广泛调研、深入研究,进行了卓有成效的探索和实践,积累了比较丰富的经验,也获得一些深刻的体会,形成一些新的改革思路。我们一直期待着能够有一份专业性的报告,提炼和总结这些探索和实践成果,设计一个与时代发展和国家发展战略相适应的阶段性改革目标,并提出实现这个目标的建设性意见。

一批在高校计算机教育教学方面富有经验和改革成果的专家主动承担了这一使命,历时三年,研究并撰写了这本《计算机教育与可持续竞争力》报告。该报告对当前的计算机教育教学情况进行了深入分析,并为今后的发展与改革提出了独到的富有见地和前瞻性的建议。

参与报告撰写的专家都亲历了最近二三十年计算机教育教学改革的历史过程,熟悉国内外计算机教育的发展动向,对于计算机教育的未来具有深刻的见解。三年的时间跨度也反映了专家们对国家对学生的高度责任心,体现了专家们对计算机教育教学改革认真和严谨的态度,同时也说明了在高等教育快速发展的背景下,从众多探索和改革实践中提炼成功经验与教育规律,并形成共识性建议所面临的困难程度。

该报告总结了现有的计算机教育改革经验,提出了面向未来计算机人才培养的新目标、新思路和新形态。报告对于未来计算机教育提出了培养可持续竞争力的新目标,设计了敏捷教学的新模式,提出了构建协同支撑系统和教育生态的新思路,这些内容集成起来,就形成面向未来的可持续竞争力培养的新教育形态,令人耳目一新。报告内容与国家提出的高等教育改革目标是相合一致的,与国内外计算机教育发展的动态是同频共振的,与一些国际知名教育机构的预测和建议是融通契合的。报告的观点触及传统教育的一些核心问题,对于计算机教育改革提出很有力度和深度的挑战,为今后 10~15 年的计算机教育发展开拓了广阔的创新空间。

真正实现计算机教育发展的"变轨加速",不仅需要一个好的设计和规划,更需要有关高校坚持不懈的实践。只有实践才是最具有生命力和说服力的,也只有实践才能真正落实新时代人才培养的目标。希望各有关高校用具体行动支持、实践报告的核心观点,并且从各个角度丰富和完善报告的内容,使我国逐步成为计算机教育强国。

中国工程院院士

2018 年 12 月

序

当前,信息技术展现出蓬勃的活力,通过与各个行业的融合迅速改变了社会的面貌。高校计算机学科人才培养质量对于信息技术的进一步发展和应用起着重要的作用;同时,如何更好地利用信息技术培养出具有高度竞争力的人才,也是计算机教育工作者面临的重要课题。

国家发展宏伟目标与信息技术日新月异的变化,呼唤着我国高校教育尤其是计算机教育的改革与创新。当前,高校计算机人才培养在培养目标、教学理念、课程体系、教学模式方面还存在许多不适应,高等教育工作者也进行了积极的探索和实践。21 世纪初,教育部相关教指委开展了以计算思维为导向的计算机基础课程教学改革,旨在加强培养学生的计算思维,并以此来提高学生运用计算的基础概念求解问题、设计系统的能力;近年来,又推广了以系统能力为核心的计算机专业课程体系建设,提倡全面培养计算机学科人才的系统观。这些教学改革以及实践,都有效提高了计算机教育质量和人才培养水平。

然而,这些改革和实践还仅仅是拘泥于人才培养的某些方面进行局部完善,尚未形成系统、全面的观点,也还没有总体性的解决方案。信息技术对于社会与经济发展影响巨大,站在社会进步和信息技术发展的新时代的起点,我们希望能够有一份更具前瞻性的报告,既对现有的实践成果进行总结凝练,提出新的人才培养理念,也对今后一段时期人才培养的目标进行顶层设计,并规划实现目标的改革路线。看到《计算机教育与可持续竞争力》,我认为这份报告基本上实现了这个目标。

报告有三个鲜明的特点。第一是"准",体现在问题抓得准,目标定得准。报告总结了计算机教育方面成功的经验,直言不讳地指出了存在的问题;同时,根据当前时代特点和国家发展战略,前瞻性地提出了可持续竞争力的培养目标和内涵,为今后一段时期人才培养指出了方向。第二是"新",报告围绕可持续竞争力目标的实现,创新性地提出了敏捷教学的新模式,给出了支持敏捷教学的课程体系设计、教学管理与协同服务体系以及开放教育生态,全景式描述了利用互联网技术实现教学目标的崭新技术路线。第三是"实",报告立意高,前瞻性强,所提出的观点都给出了充实的依据和条理清晰的论述,所提出的方法也是基于当前教学实践的合理拓展,让人信服。

良好的顶层设计和规划仅仅是改革的开始,更为重要的是脚踏实地的实践。尤其是教育领域的改革,绝不是一朝一夕就能见效的,需要行政管理部门、学校及院系多方的协同推进、众多教师的积极参与、相关企业的大力支持。让学生在改革中真正收获可持续竞争力,才能为这份报告画上圆满的句号。

正值硕果累累的秋天,也期待计算机教育改革早结硕果!

中国科学院院士

陈国良

2018 年 12 月

前　　言

　　当今世界正在从工业化社会向信息化社会转变,经济全球化与人才竞争国际化正在信息技术与互联网的助推下不断加剧。以人工智能、云计算、大数据、物联网、移动计算等为代表的新概念与新技术层出不穷,不仅成为技术创新驱动的源泉,也引领了新产业与新经济的迅猛发展,正快速改变着我们的社会。信息化社会的可持续发展问题摆在每个国家面前,信息领域竞争力与信息技术人才已成为世界各国竞争力的关键要素。

　　如今,中国的发展已进入新时代。党的十九大报告明确提出,我们国家到2035年要基本实现社会主义现代化;到本世纪中叶,要全面建成富强民主文明和谐美丽的社会主义现代化强国。"科学技术从来没有像今天这样深刻影响着国家前途命运,从来没有像今天这样深刻影响着人民生活福祉。""硬实力,软实力,归根结底要靠人才实力。"未来的技术之争必然汇聚到人才之争,这种竞争必然会表现在教育体系的重大变革。"创新之道,唯在得人。得人之要,必广其途以储之。"而高等教育则是一个国家育才和储才的重要阶段。

　　创新型国家的可持续发展,依赖于具有可持续竞争力的创新型人才的培养与发展。"可持续竞争力"是指面对未来社会变化和竞争的适应能力、基于使命和技术的创新能力、推动社会发展与科技进步的行动能力。竞争既有竞赛的意思,也有竞合的意思,对于具有可持续竞争力的人才而言,竞合的能力更重要。人才的综合素质和创新能力反映了可持续竞争力的核心价值,反映了个人在未来职业发展与创新工作中能够发挥重要作用的潜质。一个国家拥有的具有可持续竞争力的创新人才越多,国家综合实力与创新能力就会越强。

当前,信息技术对社会与经济发展影响巨大。面对国家与社会未来的快速发展,如何教育和储备应对未来信息技术发展与信息化社会变革的具有可持续竞争力的创新人才,成为我国计算机教育界应承担的历史使命。因此,可持续竞争力就成为未来计算机教育的重要主题。

近年来,我国高等教育,尤其是计算机教育得到了长足进步与迅猛发展,但仍然存在一些不尽人意的地方。现有的教育模式、课程体系、教学方法、教育环境等多方面赶不上知识更新、技术与产业发展对人才培养的需求变化。国家发展宏伟目标与信息技术日新月异的变化呼唤着我国高校教育,尤其是计算机教育的改革与创新。展望未来 10~15 年,我们需要对现有的高校教育体系、模式、方法及生态进行再思考与改革再造,构建一种面向未来可持续竞争力的高等教育体系和计算机教育体系。

教育部高等学校三个教学指导委员会(计算机类专业教学指导委员会、软件工程专业教学指导委员会、大学计算机课程教学指导委员会)邀请 20 余位计算机教育界的资深专家,于 2017 年和 2018 年在海口市召开了两次"计算机教育发展海南论坛"(后更名为"计算机教育 20 人论坛")。专家们经过多轮广泛和激烈的讨论后认为,应该将"可持续竞争力"作为今后一段时期计算机教育创新发展的主题,并为我国计算机教育改革提供一个具有前瞻性、建设性的指导意见,促进中国计算机教育改革,帮助构建与国家当前和未来发展阶段相适应的计算机人才培养体系与教育环境,推动我国信息化社会与产业的创新发展,以支撑我国到 2035 年前后完成工业化社会向信息化社会的转型。本书即为"计算机教育 20 人论坛"的产出,定名为《计算机教育与可持续竞争力》。本书的定位与思路、范畴与内容也有多次变更与迭代,并逐步收敛为如今的形式与内涵。本书致力于面向未来 10~15 年,探讨培养具有可持续竞争力的创新人才的计算机教育教学模式与方法、人才培养体系与教育生态环境,并探究计算机专业人才的立德、求知、增能、成人的综合要素。

展望未来的计算机教育,面向可持续竞争力的大规模个性化创新人才培养将是高校教育的基本形态。未来大学的教育教学形态也将因可持续竞争力培养目标、信息化教学手段与教学资源、开放教育环境等变化而发生巨大变化。我们把这种主动响应社会需求变化、以学生发展为中心、大规模个性化培养、教学目标与过程不断进化、快速灵活组织教学资源的教学形态称为"敏捷教学"。这将是培养具有可持续竞争力人才的一种全新的教学形态。

"敏捷教学"是应对新时代教学目标多元化和人才需求个性化的特征,以学生发展为中心,通过理论、技术、实践教学的交叉并行与快速重构,以及跨校跨界教育资源的高效协同,实现知识学习与能力提升的多轮迭代,具有高度灵活性和动态适应性的一种教学形态。敏捷教学具有多方面的特征。它围绕与社会需求高度契合的大规模、多元化、个性化的学生培养目标，实施针对培养目标与要求的精准教学，充分利用网络化平台和智能教育等先进信息技术汇聚各类跨域、跨界、跨校的优质教学资源，适应性地动态分解与并行迭代教学内容、课程与环节，通过校内与跨校教学团队和学生之间交互式协作、大学与企业之间深度融合与协同育人，不断优化精准教学与培养进程，实现学生的探究式、主动式、渐进式学习过程和能力的逐步增强。为了实现敏捷教学以培养具有可持续竞争力的创新人才，我们不仅要构建先进的敏捷教学体系，还要对大学的教学管理体系、服务支撑体系进行改革与重构，也要建立面向可持续竞争力的开放教育生态。我们认为，以学生发展为中心的教育观下的"教育生态"是以学生发展为中心，由教育系统内外部相关要素组成的多元环境体系。它对教育的产生、存在和发展起推动、制约和调控作用。为此，高校需要建立一个"开放教育生态"，即能够充分建立与外部乃至国际教育相关要素多渠道多元化联系与合作的教育体系，并能够调动与整合校内外资源用于敏捷教学与可持续竞争力培养的教育生态。这些要素的集成就构成了面向可持续竞争力的大学教育形态。

敏捷教学是我们基于当前国内外大学的最新教学改革探索与实践经验而率先提出的。它既是根植于我国大学已有的教学改革实践凝练出的一种新模式，也是面向未来计算机教育挑战而推出的一种教育新理念，又与斯坦福大学、哈佛大学等世界一流大学近年来进行颠覆性教学改革的核心思想有异曲同工之处。敏捷教学是应对可持续竞争力人才培养的一种新的教学形态。这种新型的教育教学理念与形态无疑值得大家关注和探索。

　　本书从新时代可持续竞争力培养目标出发,全面阐述可持续竞争力的特征与关键要素、敏捷教学的概念与内涵,并重点探讨敏捷教学的教学体系、适应敏捷教学的大学管理与服务支撑体系、面向可持续竞争力的开放教育生态等方面内容。全书共 6 章,第一章阐述信息化社会创新驱动的新时代及人才竞争的特点,提出可持续竞争力概念;进而明确了对于未来计算机人才标准与培养的全新理解,提出面向可持续竞争力的教育探索,引出敏捷教学的新形态。第二章从可持续竞争力人才培养的关键要素出发,阐述大学教育核心功能与教学模式改革的途径,并就计算思维、系统能力、核心课程、产学合作、国际化能力等相关要素进行了探讨。第三章系统阐述敏捷教学体系、教学模式及教学方法,并给出敏捷教学体系的设计原则、课程体系设计敏捷化、教学过程敏捷化、教学资源的协同化等关键要素的描述,从深层次剖析了敏捷教学体系的设计思路与实现途径。第四章从学生可持续竞争力培养与敏捷教学体系建设目的出发,提出未来的大学教学管理体系与机制、服务支撑体系改革的必要性。重点阐述支持敏捷教学的大学教学管理体系、大学服务支撑体系、教学质量保障与可持续改进体系等,并关注敏捷教学体系中教师角色和作用的变化及教师发展的新途径。第五章站在更加开阔的角度阐述大学如何构建开放的教育生态,以支持面向可持续竞争力的敏捷教学。重点阐述通识教育与多学科交叉融合、产学合作协同育人、国际合作开放育人、创新创业实践育人等计算机专业教育的重要教育生态要素。考虑到我国教育平衡协同发展问题,本书第六章专门讨论西部高校计算机教育的协同发展,包括西部高校的办学定位、教育信息化与发展机遇、教师队伍建设与能力提升、东西部协同发展与优质教育资源共享等问题,并结合可持续竞争力培养与教育平衡发展提出若干有益的建议。

本书是"计算机教育20人论坛"集体智慧的结晶。全体论坛专家经多次深入讨论确定了本书的基本定位与内容纲要,由编写组具体完成全书的编写工作。其中,李廉教授主笔了第一、二、六章,战德臣教授主笔了第三章,刘卫东教授主笔了第四章,何钦铭教授主笔了第五章,最终由何钦铭教授对全书进行统稿与润色。编写工作前后历经近三年时间,其间论坛执委及秘书长(徐晓飞教授、李廉教授、李晓明教授、马殿富教授、张龙副编审等)组织了多次编写工作研讨会,确定了本书的主要内容与目录章节,召开了多次改稿、审稿与统稿会,使本书的内容趋于完善。此外,参与过相关工作的还有何炎祥教授、罗军舟教授、牛建伟教授、安宁教授、杨波教授、吴尽昭教授、党建武教授、施晓秋教授、陈立潮教授、王杨副教授、韩飞副编审、倪文慧副编审等。在此向为本书做出重要贡献的专家们表示感谢!

教育部高等教育司有关领导始终关注着本书的创作与编写,并给予了很大的鼓励和支持;高等教育出版社相关人员全程参与和支持了论坛的组织以及本书的形成与出版;谷歌公司、华为技术有限公司先后为论坛的举办给予了支持,借此机会向他们一并表示感谢。

在本书完稿之际,我们怀着忐忑的心情迎接读者的阅读与评判。本书面向信息化社会未来发展和计算机教育面临的挑战,通过对国内外计算机教育改革经验的高度概括与创新,提出了面向可持续竞争力的敏捷教学及其支撑体系、开放教育生态等新理念与新形态。这只是对计算机教育变革的一种探索,还需要各高校计算机教育工作者从不同角度及更深层面进行教育教学探索和实践,并不断完善与充实其内涵。期待读者的批评指正。编写组联系方式为 hqm@zju.edu.cn。

"计算机教育 20 人论坛"报告编写组
2018 年 12 月

计算机教育 20 人论坛

指 导 单 位：教育部高等教育司

论 坛 主 席：李　未　北京航空航天大学（第一届、第二届）

赵沁平　北京航空航天大学（第三届）

论 坛 执 委：徐晓飞　哈尔滨工业大学

李　廉　合肥工业大学

李晓明　北京大学

马殿富　北京航空航天大学

论坛秘书长：张　龙　高等教育出版社

第一届论坛(2017年)参会名单

安　宁　合肥工业大学
陈道蓄　南京大学
傅育熙　上海交通大学
郭　哲　中国科学技术协会
何钦铭　浙江大学
蒋宗礼　北京工业大学
金　海　华中科技大学
李　廉　合肥工业大学
李　未　北京航空航天大学
李晓明　北京大学
马殿富　北京航空航天大学
牛建伟　北京航空航天大学
孙茂松　清华大学
王怀民　国防科技大学
王志英　国防科技大学
徐晓飞　哈尔滨工业大学
徐志伟　中国科学院计算技术研究所
杨　波　临沂大学
杨士强　清华大学
战德臣　哈尔滨工业大学
张　龙　高等教育出版社
张　铭　北京大学

第二届论坛（2018 年）参会名单

陈道蓄　南京大学
傅育熙　上海交通大学
何钦铭　浙江大学
何炎祥　武汉大学
蒋宗礼　北京工业大学
李　廉　合肥工业大学
李晓明　北京大学
刘　强　清华大学
刘卫东　清华大学
马殿富　北京航空航天大学
孙茂松　清华大学
王志英　国防科技大学
徐晓飞　哈尔滨工业大学
杨　波　临沂大学
战德臣　哈尔滨工业大学
张　龙　高等教育出版社
张　铭　北京大学

目　　录

第一章　新时代计算机教育的思索

> 今天，我们比历史上任何时期都更接近、更有信心和能力实现中华民族伟大复兴的目标。
>
> 习近平

> 故立志者，为学之心也；为学者，立志之事也。
>
> 王阳明

我们正处在从工业化社会向信息化社会转变的新时代，这是中国历史上最好的发展时期，也是人类历史上最激荡的大发展大变革大调整时期。世界政治格局的多极化、经济发展的全球化、社会形态的信息化，以及文化交融的多元化正在变革我们的社会，以人工智能、云计算、大数据、物联网、移动计算等为代表的新一代信息技术无一不和计算机科学与技术有着千丝万缕的联系，不仅引领了技术交叉和产业发展，也引领了一批新工科专业的蓬勃发展，为前沿技术、颠覆性技术提供了更多创新源泉。在这样的背景下，国家连续出台了一系列重大部署，以科技创新为核心，以人才发展为支撑，塑造更多依靠创新驱动、发挥先发优势的引领型发展[1]。将发展基点落实到重塑创新体系、激发创新活力、培育新兴业态和公共服务模式，大力拓展信息技术与经济社会各领域融合的广度和深度,进一步发挥其在拓展新空间和培育新动力中的牵引作用。

为了积极响应国家未来发展的核心目标与重大举措,教育部高等学校计算机类专业教学指导委员会、软件工程专业教学指导委员会和大学计算机课程教学指导委员会邀请 20 余位专家,于 2017 年和 2018 年先后两次在海口市召开了"计算机教育发展海南论坛"(后更名为"计算机教育 20 人论坛")。在激烈讨论和认真分析的基础上,建议将**"可持续竞争力"**作为今后一段时期计算机教育发展和改革的主题,并为此提供了一个具有总体逻辑性、相对稳定、结构灵活的建设性指导意见。积极开拓计算机教育的新局面,构建与国家发展阶段相适应的计算机人才培养体系。

1.1 创新驱动的新时代与可持续竞争力

1.1.1 创新驱动的新时代

从 20 世纪末开始的互联网浪潮,把整个社会推进了信息化时代浪潮,所有的社会部门、经济产业、教育科技都与计算机发生了深刻的联系,并且引起了翻天覆地的变化。毫无疑问,信息技术是当前发展最活跃、应用最广泛、辐射带动作用最显著的技术创新领域,计算机科学和工程中的关键技术必然是未来的核心领域,是国家实力与技术竞争的制高点。

人才是发展的第一资源。为了保持领先地位,谋划抢占未来信息产业制高点和工业发展领先地位,世界主要发达国家都发布了工程教育改革前瞻性战略报告,积极创新工程教育,抢占以新概念、新技术和新产业为特征的技术高地。我国也在近期推动新工科建设,主动调整高等教育结构、发展新兴前沿学科专业,推动国家和区域人力资本结构转变,实现传统经济向数字经济的迁移,在世界新一轮工程教育改革中发挥全球影响力。在这场波及各个领域的改革发展浪潮中,经济模式和社会运行的数字化与智能化是必然趋势,不仅促进了计算机科学自身的发展,也创新和推动了一批新兴工业领域和经济形态的蓬勃发展,因此计算机教育改革在新工科建设中具有全局性、基础性和先导性的作用。

根据《世界互联网发展报告 2017》的数据,目前全球经济总量的22% 与数字经济紧密相关,数字技术的应用到 2020 年将使全球经济实现增加值 2 万亿美元,到 2025 年,全球经济总值增量的一半来自数字经济[2]。2017 年我国数字经济产值 27.2 万亿元,占 GDP 比重达到 32.9%。2017 年我国数字经济对 GDP 的贡献为 55%,接近甚至超越了某些发达国家水平。到 2030 年,数字经济的 GDP 占比将超过 50%,全面步入数字经济时代[3]。信息技术已经对当今的经济模式和社会结构产生了根本性的影响,基于互联网的服务业、金融业、制造业、零售业,以及新媒体、数字金融、智慧城市等新业态和新模式都在颠覆传统的社会运行体制,快速改变着我们的生活方式和社会结构,人类社会的发展由此而呈现全新的状态。但是我们今天能够感受和体会的所有这些,还远远不是未来 15 年那个未知的信息社会的全部,至多只是其中的迹象和端倪。我们相信,许多更具震撼力的新技术现在还没有出现。

从 2017 年全国科技工作会议获悉,2017 年我国科技进步贡献率达 57.5%,社会研发(R&D)经费达到 1.76 万亿元,占 GDP 比重为 2.15%,超过欧盟 15 国 2.1% 的平均水平;2017 年国际科技论文总量及被引用量首次超过德国、英国,国家创新能力排名从 2012 年的第 20 位上升至 2017 年的第 17 位;近 200 位中国科学家担任重要国际科技组织领导职务[4]。这些数据表明,我们的社会正在进入以科技创新为主要驱动力的创新型国家,虽然真正达到创新型国家仍有一定的距离,但是这个历史的趋势已经不可阻挡。

人类进入 21 世纪以后,以信息技术主导的经济革命正在各个领域广泛深入展开,科技创新进入空前密集活跃的时期,新一轮科技革命和产业变革正在重构全球创新版图、重塑全球经济结构。未来的经济发展和社会进步是创新驱动模式,而创新驱动的实质是人才驱动,只有广泛积聚具有创新创业能力的各类人才,才是事业发展的根本保证,仅仅靠人力和资本优势是远远不够的。因此必须不断提升高校办学水平,创新人才发展环境、激发人才创造活力,大力培养造就一大批具有全球视野和国际水平的战略科技人才、科技领军人才、青年科技人才和高水平创新团队[5]。所有这些我们能够预见和未能预见的变革,都向计算机教育提出了一个严肃而深刻的命题,如何适应未来发展和社会变革,为国家强盛和民族复兴提供源源不断的优秀人才。

在这样一个飞速发展的新时代,我们不能停留于当前的计算机教育,更要关心未来 15 年左右计算机教育应该是什么样的,以及计算机学科培养的人才应该具有怎样的综合素质和知识能力。在这样的目标指引下,我们提出以可持续竞争力作为人才培养主题,着眼于教育思想的深刻变革,塑造计算机教育教学新形态,凝练当前计算机教育改革的最新经验和丰富实践,推动中国计算机教育实现历史性、整体性和格局性的重大变化;到 2035 年前后,完成计算机教育体系从工业化社会向信息化社会的转型。

1.1.2　新时代下的人才竞争

2006 年 1 月 31 日,美国公布了《美国竞争力计划》(American Competitiveness Initiative),提出知识经济时代教育目标之一是培养具有 STEM(即科学、技术、工程和数学)素养的人才,并称其为全球竞争力的关键[6]。2015 年 10 月 21 日,美国发布新版《美国创新战略》,旨在确保经济增长与繁荣,提出美国未来的经济增长和国际竞争力取决于其创新能力,要继续推进高质量 STEM 教育,投资培养明天的工程师、科学家以支撑未来的经济竞争力[7]。2017 年 6 月 2 日,日本内阁会议出台了《科学技术创新综合战略 2017》,提出为了构建面向创造创新人才、知识、资金良好循环的创新机制,首先需要优化产学官协作以推进开放式创新。报告还指出,企业、大学、公共研究机构在提升各自竞争力的同时,还需要强大人才、知识和资金的流动性,营造易于创新的环境,集结政产学的资源,形成有机合作、协同创新的阵地[8]。从这里可以看出,世界各国无不把人才作为面向未来发展的最重要的战略资源。

2017 年 2 月 18 日在上海召开的"综合性高校工程教育发展战略研讨会"上透露,到 2020 年,我国新一代信息技术产业、电力装备、高档数控机床和机器人、新材料将成为人才缺口最大的几个专业,其中新一代信息技术产业人才缺口将会达到 750 万人。到 2025

年,新一代信息技术产业人才缺口将达到950万人,电力装备的人才缺口也将达到900多万人。我国拥有世界上最大规模的工程教育,2016年工科本科在校生538万人,毕业生123万人,专业布点17 037个,工科在校生约占高等教育在校生总数的三分之一。但是,"我国工科人才培养的目标定位不清晰,工科教学理科化,对于通识教育与工程教育、实践教育与实验教学之间的关系和区别存在模糊认识,工程教育与行业企业实际脱节太大,工科学生存在综合素质与知识结构方面的缺陷"[9]。总而言之,我国人才培养体制机制还不完善,激发人才创新创造活力的措施还不健全,顶尖人才和团队比较缺乏。

面对全球信息化浪潮席卷之势,以及国家信息技术战略的迫切要求,我们必须抓住机遇,借助国家推动创新驱动发展的重大部署,加快计算机教育的转型发展,这是摆在我们面前重大而急迫的改革任务。这项改革任务必然涉及现有教学目标的重新定位,教育体系的重新制定,教学内容的重新审视,以及教学生态的重新设计。在这个过程中,计算机教育要完成从经验到科学,从粗放到精细的蜕变。我们的教育不是让学生在学校就储备好毕业后需要的知识和技能,而是在技术发展动荡、市场充满变数的背景下,着眼于学生的素质和能力的培养,成为能够主动适应未来世界各种变化和竞争的优秀人才。

今天,中国已经是计算机科技的用户数最多的应用市场。中国的计算机教育已经为社会提供了大量人才。到2035年,中国的经济总量很可能会跃居世界第一,与此对应,中国也应成为全球计算机科技的最大应用市场,以及世界计算机科技的主要贡献者之一。

2020～2035 年的计算机教育要瞄准这两个趋势提前布局,为中国经济社会提供足够的高质量应用型人才,为世界计算机科学提供一批理论人才,以及为全球软件和硬件的开源社区提供一大批核心志愿者。

未来的技术之争必然汇聚到人才之争,这种竞争必然会表现在教育体系和人才培养观念的重大变革。只有面向未来的新的教育形态和教学形态,才能培养出未来社会中具有竞争力的人才。而此时的我们正站在这个教育改革洪流的历史关口,必须勇于担起责任,乘势而为,在这场关系国家未来命运的人才竞争中赢得先机。

1.1.3 可持续竞争力:未来计算机教育发展的主题

"可持续竞争力"是一种面对未来社会变化和竞争的适应能力,一种基于使命和技术的创新能力,一种致力于推动社会发展与科技进步的行动能力。

信息社会中知识生产的速度远远地超过了传统的学习速度,因此必须具有适应社会变革,应对挑战和抢抓机遇的能力,由"储备式"教育转变为"适应性"教育,着力培养自主学习和终身学习的能力,始终站在技术发展的前沿,不断开拓和进取,适应社会发展的各种挑战和竞争;具有可持续竞争力的人才必须具有远大的理想和奉献精神,有发自内心的变革动力和对于知识与技术的充分自信,勇于弄潮涛头,击水中流,将理想和愿望付诸实际的创新激情;具有可持续竞争力的人才必须具有为了国家强盛和民族复兴,将个人发展与国家目标紧密融合,探索不辍,奋斗不已,想干事、能干事、能干成事的实践作为。

可持续竞争力是时代使命。尽管在未来的发展中,和平与合作是主流,但是"中华民族实现伟大复兴的梦想不可能一帆风顺。我们越是发展壮大,面临的阻力和压力就会越大,遇到的风险和挑战就会越多,这是我们绕不过去的门槛、回避不了的挑战。[10]"未来的社会是一个创新引领的社会,仅靠知识的积累和技术能力的掌握是远远不够的,更重要的是对于新技术、新市场和新业态的敏锐感悟。无论是在和平发展环境,还是在对抗冲突环境,都需要具备应对未来复杂变化的竞争能力。国务院发展研究中心副主任王一鸣认为,中国经济高质量发展根本在于经济的活力、创新力和竞争力。科技创新和技术扩散为高质量发展提供了技术支撑,全球价值链的变化为高质量发展提供了机遇[11]。我们必须瞄准计算机与信息技术这个未来战略必争领域,做好新时代人才培养的前瞻性布局。

可持续竞争力是国际召唤。在现代社会,任何一个国家都是国际秩序和国际经济格局中的一个节点,因此我们所说的可持续竞争力也是国际视野下的竞争力。在信息化社会,没有哪个国际事务是与国家利益无关的,大洋彼岸一个家庭主妇对于卷心菜的抱怨,经过某种机制的发酵和扩散,可能影响另一个国家农产品的出口。中国的发展必然受制于全球的发展,同时也会影响全球的发展。信息社会是全球一体化的社会,无孔不入的市场经济会渗透到社会的所有角落,必须以开放的心态和格局推进技术开发和产业发展,才能保持国家的竞争力是可持续的。

概括而言,可持续竞争力培养需要从理想和人格、知识和能力、视野和胸怀三个方面展开。

竞争能力必须基于对崇高理想和完美人格的追求。虽然学生每天都在接触各种媒体,但是树立人生理想和社会主义核心价值观需要通过系统的课程进行培养,仅靠碎片化、零散的,甚至不严肃的"鸡汤式"文章并不能帮助学生建立科学的理想。不了解中国的革命史和社会主义建设历程,就不能理解新的工业革命和世界格局变化对于国家的意义和机遇,因此也就无从建立宏伟的奋斗目标和强烈的使命感。尽管学校教育不能覆盖人生理想和品格形成的所有方面,但是学校是学生形成理想和人格最重要的阶段,具有不可替代的作用,学校应该把最主要的课程和教师精力用于学生的思想教育。一个人如果缺乏责任感和人生目标,他所具有的知识和能力有可能成为社会的负能量而更加有害。因此,在学生人格形成的时期,必须充分重视理想、道德、情操的培养。人的适应能力,无论是社会适应能力还是人际适应能力,都来源于内在的知识修养和自信,对于目标始终不渝的追求和事业的恪守。没有这些内涵,个人的发展就会与社会和他人难以相容,这种人一般被礼貌地称为"个性强",实际上并不被社会所认可,我们也不希望学校培养这样的人才。"一个全面发展的人,应该是良善之人,道德品质源于人的本性向理想目标的历练。最终的至善是将自我奉献给一个高于自身的理想,即献身于真理和他人。"[12]例如,科技志愿者社区在计算机行业中发挥着越来越重要的作用,Linux 和 WWW 等开源软件社区已经造福数十亿人群,同时体现了坚韧不拔、服务社会、杜绝功利的精神力量,引导学生积极参与类似的社区活动和交流互动,有利于培养良好素质和优秀品格。

每个人都具有天赋的潜在能力,但是这些未经开发的能力是孤立的和相互割裂的,如果没有知识的黏合,没有对于事业的追求,这些自发的能力将因没有目标而碌碌无为。学校的任务就是将这些孤立的和不完整的能力改造成为系统的和全面的,并且在未来社会展现的力量。能力是一个复杂的综合表现,不仅取决于知识和技能的学习,也需要有好奇心和使命感的驱动,甚至包括充沛的精力和健康的身体。因此,学校对于能力的培养是全方位和多层次的,课堂以外的各种活动(包括体育锻炼)对于能力的培养具有同等重要的意义。在教学中只是讲授那些成功的案例并没有多大好处,还需要给学生分析那些失败的或者不成功的案例,以此才能使学生得到真正的能力训练。除了课堂的教学外,通过实验和实践性课程让学生亲身感受失败和不成功是必需的环节,经过挫折和困厄的磨炼才会有深切感悟,从而形成执着专注和百折不挠的干事能力。知识和能力是一个事情的两个方面,不可能分开来单独培养,没有能力的知识将会很快枯萎,而没有知识的能力也将是空中楼阁而无所作为。当前大学计算机教育不乏停留在布鲁姆教育目标分类(Bloom's Taxonomy)的最低两个层次的情况,即"记忆"和"理解"。面向可持续竞争力的计算机教育应该向更高层次提升,依次达到"应用""分析""评价"层次,并最终实现"创造"层次。学校的责任是在各种具体的知识和能力中识别出最重要的基本要素,并将它作为制定教学活动的出发点,将面向知识的学术标准和面向社会的能力标准统一起来,而不是形成相互隔离的两种标准,以此实现知识和能力的水乳结合。

　　尽管理想和能力是重要的,但是要最大限度地发挥个人的理想和能力,紧密融合社会发展的需求,形成集体的指向一致的行为,我们必须强调可持续竞争力培养的第三个方面,这就是视野和胸怀。视野是一种由开放、宽容和信念组成的个人品质,包括关心他人、关心社会和关心全人类的健康发展。建立广阔的视野和包容的胸怀是重要的,因为这既可以使个人能力在复杂社会中得到最大程度的释放,同时又可以自觉地将个人利益服从社会的共同利益。我们生活在一个多元的国际环境,必须学会与各种文化和信仰的交往,尊重他人的观点,与相异文化的合作,在这个过程中形成自己对于外在事务的态度、看法和批判,这些都是未来人才的基本要求。视野与胸怀不是通过单独的课程来教授的,学校应该通过课内、课外活动、社会调查等各种方式养成学生这方面的素质。视野和胸怀的形成是抽象的,但是在具体问题的处理上和个人发展的轨迹中又可以清晰地体现出来。任何将能力仅仅用来实现个人"美好人生",拒绝接受他人合作和脱离社会需求的想法都是危险的,我们不希望从学校走出一批"精致利己主义者",这是与学校的教育目标背道而驰的。未来的人才应该具有发自内心的对于全球、国家和周边事务的关注力,以及对于人文、社会和生态问题的关切心,并且能够运用自己的知识和能力推动社会发展和科技进步。

1.1.4　可持续竞争力人才的培养需要有新突破

　　我们曾经在一些国内外著名的信息技术企业做过调研,在这些顶级企业中工作的中国员工绝大多数来自国内最好的大学,一般院校学生的比例很低。其中的差别在于,除了这些最好大学的光环之外,更重要的是这些本来就优秀的学生在大学中获得了更好的知识、能力和素质的训练,使得他们能够胜任重要岗位并表现良好的发展潜力,在就业时也更具有竞争力。而一般高校的学生相对缺乏这样的知识和能力,因此在这些重要的岗位上缺少竞争力。至少对于计算机类专业而言,不同高校毕业生之间的差距甚至比入校时新生之间的差距还要大,这就不由地使人思考其中究竟发生了什么。

带着这样的问题审视我国高校当前的计算机教育,可以发现,一些高校在为国家输送了大量人才的同时,也存在不能适应社会发展需要的问题,与国家和时代要求的差距明显,突出表现在以下几方面:

① 教学理念落后,能力培养不足。对于信息社会的特征和新时代人才培养缺乏必要的理解,对于基础与核心的教学内容没有充分重视,导致学生对于关键技术和基本原理掌握不足,系统能力训练欠缺,创新能力薄弱,难以适应未来的信息技术快速发展。

② 教学体系僵化,教学内容陈旧。对于科学与技术领域最新动向不能准确把握,使用过时的教材和因循守旧的方法培养学生,讲授内容和实践方式脱离产业发展实际,个性化培养缺失,未能充分激发学生的兴趣和潜能,导致学生志向狭窄,缺乏内生的创新激情和应对变化的适应能力。

③ 培养导向偏差,素质教育滞后。过分关注就业,功利化倾向明显,忽视了未来人才对于国家和全球发展的责任心和行动力的培养,学校教育与社会责任脱节,不利于培养对未来社会具有强烈使

命意识的合格公民,更缺乏全球视野。

这些问题说明,对于当前计算机教育的形势和问题,我们必须有清醒的判断,从思想和观念上认识到改革的重要性和迫切性,加快改革进程,加大改革力度,才能使得计算机教育跟上时代的步伐,为国家的发展提供合格的人才。

我们正处在工业化社会向信息化社会的转型过程中,就教育而言,最主要的特征之一就是从工业化社会大规模标准化培养模式向大规模个性化培养模式的转变,这是对传统教育形态的新突破。在这个改革过程中,一种新的教学形态正在孕育和发展,这就是**敏捷教学**。敏捷教学是面向未来社会发展和人才培养需求的新的教学形态,它是适应经济社会快速变化和技术高度融合的新型人才培养模式,是可持续竞争力人才培养的必由之路和必然形式。我们将在1.3节介绍敏捷教学的一些基本要点,并在第三章展开阐述。

在这样的背景下,本书所讨论的计算机教育改革,除了计算机自身的课程之外,不可避免地也会适度涉及其他一些课程(如通识教育课程)的要求。这些课程主要是对于学生理想信念、人文精神、生态意识、文化理解、交流能力等素质的培养,因为它们同样是可持续竞争力培养的基本内容。

"教育的真正任务是把来自于遗产的范式和方向与来自于科学的实验和革新协调起来,使得它们可以有效地共存和相互促进。"[12] 可持续竞争力人才培养需要在教育教学理念、体系、模式、方法等方面有革命性的突破,才能实现新时代人才培养的目标,为国家未来的经济和社会发展提供源源不断的合格人才,在国际人才大舞台上展示中国特色和中国风格。

面向新时代的计算机教育探索与改革势在必行。

"可持续竞争力"是新时代人才培养的必然主题。

1.2　可持续竞争力的培养

1.2.1　可持续竞争力必须面向未来

如果说在未来的 15 年国家需要一批熟悉信息技术,能够深刻理解和应用计算机技术,引领技术进步和社会发展的官员、企业家、科学家和工程师,那么这批人目前就在或者即将在高校里学习。我们自然期待这些富有朝气的学生能够承担起国家和民族赋予他们的历史重任。他们在未来的国际舞台上表现如何,取决于现在我们是否能够提供优质的教育,启迪其思想,砥砺其品格,内化其学识,使之具备坚定的理想信念,具备对于未来发展的前瞻性洞察,具备对于专业领域的深刻理解与把握,在未来的社会中发挥全球影响力。

虽然我们无法预测未来社会对于计算机人才的具体要求,但是当前国内外许多高校已经做了积极和富有成就的探索,使得我们可以从总体上对计算机教育的发展做一些描述。

我们每天都会听到一些术语,例如物联网、移动通信、云计算、大数据、人工智能、机器人、区块链等,而且隔一段时间还会有新的名词,这反映了当今社会正在信息技术的带动下飞速发展,这些技术正在改变我们的生活方式和生产形态,也迫使所有的社会公民都要学会使用搭载这些技术的各种设备,很多计算机术语也借此进入新的话语生态。但是作为计算机教育工作者,我们应思考更加深入的问题,例如,是什么原因决定信息技术向着这个方向发展,而不是别的方向? 在这些繁花锦簇的计算机应用背后,它的基本理论和核心技术是什么? 我们不可能为每一个新技术开设一个专业,学生也不可能学会所有的这些知识和操作。因此需要探讨这些应用背后的公共基础知识和通用技术。计算机专业的学生在走向社会以后,应能够适应信息技术的发展,而不是被发展抛在时代的尾后。

表面上看,我们的社会越来越趋向专业化,但是在专业化背后,却是学科的交叉融合,未来许多重要的发现和发明必然是跨学科研究和多领域合作的结果。互联网已经为知识共享的综合性创新提供了恰当的舞台,我们必须关注社会发生了哪些变化,这些变化又是如何影响计算机自身的,并随之改变我们的教育观念和定位。工业时代的那种以行业内部专业知识为中心的教学模式将会受到极大的冲击,而一种以综合能力和素质培养为目标,以多学科协同育人为特点的教学形态呼之而出。

我们都发现,在互联网时代,知识一直处于一种不断演化的状态,经过三年或者五年,原本的知识就已经变得面目全非,完全不是当初的模样了。这是一个知识众创的时代,每一个用户在消费这些知识时,也在改变着它们的形式和内容。这种改变是潜移默化的,我们甚至无法指出谁是做出这些改变的贡献者。一切都在改变,一切都在演化,这是互联网时代的特点。这种知识处于不断流动和演化过程中的状况,正在深刻地影响着我们理解事物和描述事物的方式。知识不存在原始形态,也不存在终极形态,我们对于这种形态的了解还知之甚少。例如在软件领域,我们正在使用一种新的观点,即流动和演化的观点重新定义软件的开发和性能。每一个使用软件的用户也是软件测试和维护的工程师,用户在不知不觉中做出了以前只有工程师才能完成的事情。从某种意义上来说,软件是通过用户来开发的,而不是软件工程师。例如,谷歌公司开发的智能搜索引擎是把用户的每一次点击作为人工智能的一次训练,从而使智能机器的水平在服务过程中得到不断的提升。

在这样的背景下,我们不能满足于以记忆验证型和线性顺序过程的学习方式,而是要通过教学内容的并行化和迭代性安排,加大综合性实战训练比例,在不断的反馈过程中增强对于知识的领会与应用,以学习的流动性和演化性来打造全新的教学形态。

信息社会颠覆了许多现有的产业规则和产业秩序,也颠覆了由此形成的许多传统观念。《连线》杂志的创始主编凯文·凯利认为,如果再往远看30年,可以预料,那时的互联网和信息技术得到更大的发展,许多最伟大的应用现在还没有发明出来[13]。虽然我们不知道这些最伟大的应用是什么,但是我们的学生将会知道并且亲自开发出来。我们可以预料信息技术的发展趋势,但是不能预料这些技术何时出现和在哪里出现。这种跨越国界和专业的技术发明会不断地影响、甚至改变社会的发展。我们可以为未来社会设想框架,但是无法准确描述其中的细节,因此面向未来最好的办法就是培养学生适应未来的能力。

1.2.2　可持续竞争力必须将素质和创新能力放在首位

从任何意义上讲,素质和创新能力都是可持续竞争力培养的主要内容和体现,包括对于目标的规划力、行动力和协调力,反映了可持续竞争力的核心价值。

在对许多创新案例和成功人士的轨迹进行仔细分析后,我们清楚地看见有一种潜在的东西发挥着至关重要的作用,我们把这种潜在的东西称为素质。素质是一种看不见,也道不明的东西,但是它却实实在在隐藏在每个人的身上,不同的素质决定了个人在事业中的表现,决定了是否能够抓住机遇、获得成功。素质肯定包含了知识和技术,但是却又超越了这些。素质是一种信念,一种文化,一种内在驱动力,以及一种待人处事的态度和立场,与中华民族的历史文化相契合,与全国人民正在进行的伟大奋斗相结合,与国家需要解决的时代问题相适应,因此素质和创新能力是可持续竞争力的核心内容。

分析信息产业或者计算机科学领域的杰出人才,在取得伟大成功的背后,无不体现了他们对于事业的坚定信心,对于构筑更加公平、更加包容和更具活力的未来世界的美好理想。远大的理想源于事业和前程的自信,这种自信既包括对于国家未来发展的自信,也包括对于知识和方法的能力自信。源于内心的理想才最具有生命力,并伴随终身的奋斗。大学应该培养学生具有发自内心的思想动力和创新冲劲,具有带领团队和群体协同工作的领导能力,关注并深刻理解信息技术的发展历程、对于经济和社会发展的推动作用、对解决人类面临的共同问题的影响,以及个人面对这些变化应采取的作为。

互联网和人工智能的发展逐渐形成了数据统治的价值模式,人类生产知识的速度前所未有,但是缺乏语义理解和可解释性,这可能会导致俯拜于知识的形式及相互之间的连接,而罔顾知识的厚度和本质。个人体验会变得丰富但却浅薄,在价值观上会趋向"现实利益",采取经验主义的"相对化"标准,漠视对于历史文化和伦理的尊敬。人类长期形成的通过反思和基本道德原则建立的价值体系将会受到很大的冲击,这是特别需要警惕的。我们期待学生的素质在学习的过程中得到加强,而不是削弱,或者导向另外的方向,因此思想教育和文化教育永远是首位的。中国高等教育学会原会长周远清指出,在文化教育与思想政治教育、文化素质教育与专业教育关系的处理上,文化素质与思想政治教育应该相结合,文化素质是根基,思想政治素质是方向,文化素质教育要渗透到专业教育中,传授知识、培养能力和提高素质应融为一体,彰显大学的文化品位、格调、情感与价值取向,达到知识、能力和素质的协同[14]。

传统工业社会所形成的行业边界冰冷森严,每个行业之间有着自己独特的称为"行业知识"或者"行业技术"的专业内容,而大学里的工科教育也按照工业行业的不同而划分为一个个专业,并将这些专业配属到各个学院。每个学生通过与制造业流水线本质相同的方式变成教育产业的"产品",毕业后进入行业工作,专业对口,这一切都那么顺理成章,自然而然。但是信息社会却要摧毁这一切,重新构建社会的结构和产业的组织。事实上,我们已经看到在某些领域巍然高耸的行业壁垒在信息技术面前竟是那么不堪一击。在亚马逊、滴滴出行、大疆那里已经无法区分它们是网店还是零售,是可以远程预约的出租车还是附加出租服务的移动通信,是装有翅膀的电子设备还是装有电子设备的飞机。很多传统的彼此毫无关系的行业在信息技术的"粗暴"整合下被合并在一起,形成了全新的产业形态,而且这种势头正在席卷所有的行业,最终将会彻底改变现有的工业体系,产生一个以信息技术和智能技术为基础的全新的产业结构和运行模式。我们现在所看到的只是这一伟大变革的冰山一角,更具摧枯拉朽之势的变革将会在未来 15 年中发生。因此,我们期待未来的人才不是在传统产业中"循规蹈矩"地发展,而是要在这场伟大变革中做出突破性创新的贡献。

信息技术的发展带来了产业链条的无限细分,细分不仅意味着更加专业的分工、更加灵活的应变;更重要的是,细分使得所有的环节不再专属于某个产品,每个环节都是开放的和自由的,因此也就提供了无数种可能的组合。每一种组合都可能意味着新的产品,新的模式,甚至新的市场。创新在这里找到了广阔的空间和机会。由信息技术发展而催生的观念更新与秩序重建只是我们这个社会正在发生的变化的一部分,在这样的变化面前,我们以往的知识和经验都显得不足,而能够及时融合各种信息和资源的创新能力显得尤为重要。在一个概念和资源整合比起知识和技术应用更为重要、灵活比起庞大更为关键、创新能力比起专业能力更为优先的市场,谁能够更清楚地认识这个新市场的特征,把握新市场的规律,谁就能够占领先机,这就是未来的社会对于新人才的呼唤。

在一所高校中推进素质教育和创新教育,涉及的内容远远不是一个计算机学院能够承载的,这里面包括了学校层面人才培养定位,校级教学体系的设计,教学核心地位的树立,人事制度的改革,培养模式的创新,办学环境的改善,以至于评价体系的更新等体制和机制建设。讨论所有这些问题超出了本书的范围,但是这些全校性的推动措施,也是实现本书提出的目标的关键因素。

1.2.3　可持续竞争力必须重视核心知识和技术

2017 年 6 月 26 日,中国具有完全自主产权的高铁列车"复兴号"从北京和上海两地同时首发,标志着在高铁列车整体装备制造方面我国已经走在了世界前列。在整车采用的 284 项重要的标准中,中国的标准占据了 84%。中国为国际提供标准,反映了技术上的成熟和世界市场的认可[15]。中国自主研发的超级计算机已经连续多年位居世界前 5 名。当然我们还希望中国的大飞机、数控机床、网络设备、智能汽车、高端医疗器械这些国之重器都能够取得国际领先的水平。现在我国的计算机应用取得了国际瞩目的成绩,在移动支付、物流、交通服务、行政管理等领域大量使用了各种终端软件,其带来的社会便捷和普及令世界羡慕不已,但是这些大规模应用基本上搭建在国外设备提供的服务器端平台上,并且采用国外的标准。梅宏院士对此做了分析,认为虽然现在很多企业做得不错,但是高端的设备做不出来,中央处理器不是我们的,操作系统我们不能够控制,一些应用仍是低端化和空心化[16]。作为一个计算机应用的大国,我们在基础理论和核心技术方面也需要急起直追。我们不是民粹主义者,并不要求所有的设备和技术都必须是国产,在当今经济一体化的形势下,这不必要,也不可能。但是对于一些关系国家安全和基础运行的核心设备和基础软件,我们还是需要有相应的技术支撑和保障。

计算机正在日益成为所有学科都必须应用和融合的领域。例如电子学科在硬件设计方面、数学学科在算法分析方面、社会学科在应用软件方面,都渗透到了计算机领域。在这样的背景下,计算机专业学生的特长在哪里? 计算机专业的学生究竟要学些什么才是立业之本、学术之基呢? 回忆计算机教育发展的历史,就可以发现这种情况过去也多次发生过。例如,20 世纪 80~90 年代,随着高校计算机基础教学编程课程的普及,一些非计算机专业的学生在编制程序中展现了更为优越的能力,他们熟悉本专业业务,掌握了计算机程序的编制方法,因此人们更愿意找懂业务的人员开发软件,而不愿意找不懂业务的计算机专业人员。当然,计算机专家很快在系统设计与开发中找到了新的用武之地,例如管理信息系统(Management Information System,MIS)、专家系统(Expert System,ES)等。但是好景不长,计算机专家在这种领域的研发很快被证明并不具有优势,当领域专家熟悉了这些系统的开发技术之后,继续排挤了计算机专家,类似的情况不断发生。

在信息化时代,所有人都逐步掌握了电子设备的使用,也逐渐具备了编制简单软件的能力,许多计算机专家曾经引以为自豪的阵地逐步丢失,这看起来是一件悲哀的事情。但是实际上,这种全民的计算机普及正在把计算机专家引向他们真正的领域,这些领域包括基本理论、基础软件、核心平台、复杂系统设计、安全与可靠等,或者还应该加上关键器件。计算机科学与技术是一个辽阔深邃的海洋,我们不仅应该看到在这个海洋表面所呈现的五彩缤纷的浪花,更应该看到在海洋深处涌动的洋流,正是这些磅礴而又稳定的洋流带来了海洋表面的繁华。计算机的基本知识与核心技术正是广阔海洋深处的洋流,决定着计算机应用的未来方向。从历史发展的轨迹看,只有具备了这些基础的核心理论和技术,才能在计算机的发展过程中快速理解新知识,掌握新技术,不断绽放创新之花,创造各种计算机应用的新价值与新形态。

计算机专业应该把基础知识与核心技术作为主要的教学内容,这是计算机专业的本职所系,责任所在。舍此我们不仅与国际同行相比没有竞争力,与其他领域的专家相比在计算机应用方面也没有优势可言。然而恰恰在这个根本问题上,相当一部分高校缺乏清醒的认识。这些高校开设的课程追求所谓的实用性,选择一些时髦的软件作为教学内容,讲授那些表面上热热闹闹,却很快就会过时、甚至还没有毕业就已经过时的内容,而对于基础性和关键性的计算机课程随意安排,既没有严格的教学要求,也没有必要的课时和实验保障。这里面既有观念问题,也有导向问题,甚至还有教师的态度问题。提高我国计算机的整体研发能力和应用水平,不能仅靠少数几所高校,而要引起所有高校(至少是大部分高校)对于这个问题的重视。学校应加大计算机教育的改革力度,使得学生在学校期间能够受到真正的计算机科学与技术的熏陶,掌握核心的基础知识和系统的开发能力,形成对于未来技术发展的敏锐感觉和产品市场的快速反应,以此产生富有激情的创新思维,并且具有将创新概念转变成创新产品的行动能力,即适应未来社会需要的可持续竞争力。

1.2.4 可持续竞争力培养必须成为全体高校的共同使命

国内顶尖高校培养了一批信息技术领域的卓越人才,在一些方面已经引领了国际科研及产业发展的方向,令人欣慰。有些地方高校紧密配合区域经济发展,锐意创新人才培养模式,也为具有竞争力的信息技术领域人才做出了极大贡献。但我们也发现,部分高校在培养计算机人才支持区域经济发展上令人担忧。在不少学校,我们看到的是僵化的教学观念和陈旧的教材内容,学生在学校里感受不到信息技术快速发展带来的气息,所谓的前沿技术也不过是企业的一些培训教材,无法满足对于专业的求知欲,学不到将来足以立身创业的基本知识和能力,更缺乏瞄准未来发展的内在驱动力。前面已经说过,相比入学时的差距,总体而言,不同高校计算机专业学生在毕业时的差距更大,这是我国在计算机教育中存在的"方差大"现象。在信息交流发达,互联网十分普及的今天,这种现象不能完全从办学条件不足和学生入学差距等客观角度解释,更多地需要从教学观念和教师能动性等主观因素寻找原因。我们十分期待所有高校推进新一轮计算机教育发展,为国家贡献数量众多的合格工程师和技术人员,中国未来的信息产业大军需要所有高校共同的培养。

在我国的教育体系中,地方高校起到了人才培养的主力军作用,也承担着支撑地方经济发展和社会进步的时代责任。毫不夸张地说,地方高校是我国高等国民教育的基础和根本。只有地方高校的办学质量提升了,中国的高等教育水平才能够真正普惠全体公民。对于绝大多数地方高校来说,可能永远也进不了全国高校前十或者前百的名单,但是地方高校仍然可以在建设过程中大有作为,而且是高水平大学无法替代的。这就需要把握好办学宗旨,找准学校办学定位,在服务地方经济的过程中不断提升学校在社会中的影响力,办成区域内的一流大学。

我们曾经对一些地方高校做过调研,当地政府对于这些学校的期待很高,在长期的办学过程中,这些高校为地方经济建设输送了大量的优秀人才,支撑了地方的快速发展,为国家经济发展和社会进步做出了杰出的贡献。不能想象,如果没有这些高校,地方经济所需要的人才从何而来。一流的标准是相对的,在国际舞台上,勇攀科学和技术高峰,让更多的"中国第一"走向世界是一流大学;在地方经济发展中,解决关键科技难题,使得更多优良的科研成果转化为产品,推进地方经济转型和技术不断更新,同样可以做出一流的办学业绩。教育部原部长袁贵仁指出:"高校要依据区域性、行业性需求,加快发展适应新产业、新业态、新技术发展的新专业,拓展传统学科专业内涵。创新人才培养机制,深化产教融合、校企合作,更多培养应用型、技术技能型人才。"[17]

事实上,本书中阐述的观点和经验正是集中了众多高校的实践成果,其中既有高水平大学的经验,也有地方高校的探索。我们希望这些经验能够变成所有高校面向未来人才培养的实际行动,从而把少数高校的改革经验和案例转化为所有高校的共同成果。国家既需要在国际尖端技术领域的重大发明,出现更多的标志性成果和产品,也需要更多的普惠于所有公民的技术发明和产业创新,这正是地方高校的办学宗旨和基本定位。从这个意义上讲,推进新一轮的计算机教育发展与改革,培养具有可持续竞争力的优秀人才,地方高校尤为需要,尤为紧迫,尤为意义重大。

1.3 面向可持续竞争力的教育探索

1.3.1 敏捷教学:面向新时代的教学形态

毫无疑问,伟大的时代变革必将引发深刻的教育教学改革。在人类社会的发展进程中,我们经历了农耕社会师徒相传的小规模个性化培养模式,工业社会的大规模标准化培养模式。现在社会正在步入信息化时代,我们的教育也将发生历史的变化,呈现一种新的模式和形态。

我们认为,在展望未来的计算机教学形态上,大规模个性化的人才培养将是主流概念和基本形态。这种形态以学校培养目标与学生个人志趣相结合为特征,通过课程资源快速和灵活的组织,形成个性化的教学方案;在教学过程中,学生和教师形成互动的整体,通过量化的教学效果评估反馈机制,促进教学内容的不断迭代和优化,实现个性化人才培养的目标。我们把这种主动响应社会需求变化,以学生发展为中心,实行目标进化逐步完善的教学形态称为敏捷教学,这是我们期望中的未来 15 年内计算机教学的新形态。

"敏捷教学"是应对新时代教学目标多元化和人才需求个性化的特征,以学生发展为中心,通过理论、技术、实践教学的交叉并行与快速重构,以及跨校跨界教育资源的高效协同,实现知识学习与能力提升的多轮迭代,具有高度灵活性和动态适应性的一种教学形态。

敏捷教学是面向可持续竞争力,以学生发展为中心,快速响应社会需求和技术发展变化,灵活地组织教学资源,实现大规模个性化培养,以"知识体系教、价值体系育、创新体系做"的教学模式。

敏捷教学是实行非线性组合及混合式并行的教学内容编排,制定多元化和各具特色的教学方案,以思想素质为核心,以理论知识为基础,以能力培养为重点的全方位、全过程、深度融合的教学体系。

敏捷教学是广泛使用互联网、虚拟现实和智能会话等先进信息技术,制定针对学生个人的教学安排,通过教学内容的迭代增强,实现探究式和参与式学习,发挥学生潜能优势的教学过程。

敏捷教学是突破传统教育体制对于优质教育资源的垄断,跨校跨域跨界汇聚各类资源,实施针对培养要求的精准教学,人才培养目标与社会需求高度契合,企业、社会与学校之间深度融合的教学方法。

敏捷教学是基于教育大数据的全过程和全时段教学评估,实现教学过程与教学效果的紧密耦合,对于每一个学生学习状况的实时性质量控制,动态调整学习内容,改进学习效果的教学反馈。

敏捷教学是在总体教学目标下,分解教学环节和课程,制定介入式和互动式的个性化教学计划,通过教学团队和学生之间的信息沟通与协同,准确优化教学节奏,适应培养目标不断进化的教学管理。

总体而言,敏捷教学形态将更加关注人的全面发展,培养社会责任感坚定、创新意识强烈、勇于开拓行动、具有可持续竞争力的新时代人才,在更高的层面推进理想社会的构筑和教育的终极目标,实现人的发展与社会发展的和谐统一。

敏捷教学是我们在未来 15 年所追求和塑造的新一代教学形态,依托于信息技术的全面支撑。敏捷教学需要对教学管理体制进行彻底的变革,构建新型的动态化的数字校园信息和管理平台;需要教育过程大数据以及分析技术的深度融合,能够对教学过程和效果进行实时和全面的精准评价;需要智能技术的进一步发展,特别是虚拟现实和智能会话技术的新突破,进入慕课(Massive Open Online Course,MOOC)2.0 时代,实现在线环境下具有现场感的沉浸式交互教学。也许到了那时,上述教学形态才能真正成为现实。

敏捷教学不是空中楼阁,它是根植于当前的教学改革实践而提出的概念。国内外一些大学已经对计算机教学做了许多重大的,甚至是颠覆性的改革,例如翻转课堂、学做并行、研究性学习等。其中一些具有敏捷教学特点的教学方式已经出现在高校的改革探索之中。例如,南京大学以问题解决和知识发现导向的教学,清华大学全面推进各类课堂协同培养的教学,北京大学探究式、参与式的小班教学,浙江大学基于项目的分组合作研究性学习,哈尔滨工业大学书院体制的泛在通识教学,四川大学将教学理念、方法与软硬件环境良性互动的智慧教学建设,上海交通大学与企业深度合作的实战性教学,西安交通大学基于大数据的教学过程管理,等等;包括国际上所倡导的将构思(Conceive)、设计(Design)、实现(Implement)和运作(Operate)融为一体的 CDIO 工程教育模式,以产出导向、强调能力本位、实现教学过程闭环迭代的 OBE(Outcome-Based Education)教育,从科学(Science)、技术(Technology)、工程(Engineering)、数学(Mathematics)4 个方面培养综合创新能力的 STEM 教育等。所有这些改革都指向一个共同的方向,这就是未来敏捷教学。

2015 年 10 月,斯坦福大学在网上发布了《斯坦福大学 2025 计划》[18],大幅度改革现有的教育教学形态,围绕信息社会发展的特点积极探索新时代的大学教育,其中主要有 4 个核心设计,即开环大学、自定节奏的教育、轴翻转("先知识后能力"转变为"先能力后知识")、有使命的学习。尽管这些计划仍处于"畅想阶段",但是它的很多内容代表了大学教育教学的历史发展趋势,与本文提出的敏捷教学有很多相通之处,也给予我们很多启迪。

"大学是学习者的社区,其中既有在深远邃密的空间探索的天文物理学家,也有刚刚开始了解这个世界的新生,从事研究和发现的共同目标将这些志趣各异因素凝聚在一起,形成了大学这个整体[19]。"敏捷教学就是实现这种凝聚的黏合剂,它将大学中所特有的精神和学识传递给每一个新生,并且提供学生未来发展的无限可能性。虽然在敏捷教学的实践发展中,具体的形式可能与设想的有所不同,但是总体的框架和观念应该是一致的。通向敏捷教学的途径一定是从当前的教学探索中形成的,而且它的雏形已经诞生于当前的改革之中。

因为,未来总是从现在出发的。

1.3.2 新工科建设与可持续竞争力人才培养

近期教育部发布了《关于加快建设高水平本科教育全面提高人才培养能力的意见》文件,提出了对于高等教育发展的新目标和新要求[20]。教育部陈宝生部长提出,"要加快培养适应和引领新一代科技革命和产业变革的卓越工程技术人才,发展新兴工科专业、改造升级传统工科专业,前瞻布局未来战略必争领域人才培养,提升国家硬实力。"[21]计算机教育更加应该建立紧密对接产业链、创新链的学科专业体系。大力发展集成电路、网络安全、人工智能等事关国家战略、国家安全的学科专业建设。适应新一轮科技革命和产业变革及新经济发展,促进学科专业交叉融合,加快推进新工科建设。[22]

我国高等工程教育改革发展已经站在新的历史起点。凭借当前一些基础科学的重大发现和发明,例如量子技术、DNA 技术、新型材料技术、脑科学技术等,各种工程新技术、新应用和新领域正如雨后春笋般快速崛起,计算机在其中已经越来越占据主导的地位,这是不争的事实。2005 年,美国总统信息技术咨询委员会的报告《计算科学:确保美国竞争力》中写道,"虽然计算机本身也是一门学科,但是具有促进其他学科发展的作用。21 世纪科学最重要的、经济上最有前途的研究前沿都有可能通过熟练地掌握先进的计算技术和运用计算科学而得到解决。"[23]信息技术的浪潮不可避免地会冲击教育领域。相对于其他学科而言,计算机更加具有渗透性和涵盖性,无论是工程领域、自然科学领域,还是社会与人文科学领域,都因为引入计算机而被改造成为新的形式。一大批"计算机+",或者"+计算机"的产业纷纷出现,学术领域也出现了多学科融合性的研究,因此计算机教育发展关系到所有学科,是高等教育改革的全局性和关键性重点之一。

"可持续竞争力"为计算机教育的新工科建设做了恰当的内涵解释。

必须看到,信息化社会并不是工业化社会的自然延伸。我们在工业化社会所形成的一些建构和规范,在信息化社会将会面临完全不一样的价值观和评价标准。北京大学原副校长王义遒认为,"工程本身含有丰富的人文内涵,在大学'新工科'本科阶段完全可以做到在专业课程中渗透人文精神及相关的经管知识。但也要注重开设适当的通识课程。我们曾长期实施过于偏狭的专业教育模式,其主要弊病是使人失去人格,成为'工具',教育功能从'育人'变成'制器'。近代社会强调现代化、工业化,过度看重'专',懂物不懂人,其结果使人的作用也难以发挥。"[24]从当前信息技术的发展来看,我们现有的人才培养体系和标准是相当不充分和不完善的。传统上区分工业部门的界限已经变得越来越模糊,例如数控机床、机器人、智能汽车这类产品已经很难归为电子产品还是机械产品。传统的计算机专业,其内容过于局限于计算机本身,在教学中很少讲授交叉性的内容,由此造成学生综合应用计算机的能力不足,进入社会后适应性不强。

在新工科建设中,一些学校看到了这个问题,从教学体系设计上进行了改革,加强了这些交叉混合型课程的内容,并且还为此设立了新的专业,这些专业的名称大都贴近信息技术发展特点,具有交叉型学科的味道,也能够吸引学生的学习兴趣。但是有些学校却是为了设立而设立,除了贴上一些标签性的课程之外,整体教学内容基本上没有变化,或者只是给学生讲一些时髦的肤浅课程。这样的专业设置完全没有必要,而且会误导学生。我们一再强调,以计算机为主要学科内容的专业,一定要讲授计算机的基础知识和核心技术。只有掌握了这些基本能力,才能在眼花缭乱的各种应用中游刃有余,应对自如。否则的话,只是学会了一些"花拳绣腿",走向社会后缺乏后劲,无法适应信息技术的快速发展。人才培养质量是新工科建设的核心,专业结构调整要围绕培养目标考虑,不能一窝蜂地去设置各种新奇的专业,而置培养内涵与质量于一旁。

为了保障新工科人才培养质量,应重视采取工程专业认证标准来衡量专业建设的全过程。在工程专业认证的诸多标准中,解决复杂工程问题是一项重要的能力,也就是能够综合运用工程原理解决问题的能力。一般而言,复杂问题即意味着不是仅靠常用方法就可以完全解决的,需要涉及多方面的技术、工程,甚至环境和文化等其他因素。这些因素之间可能有一定冲突。这类问题一般没有现成的方法可循,问题中涉及的因素可能没有完全包含在专业知识中,需要通过创新综合利用多种理论与技术分析模型和解决问题[25]。就计算机专业来说,这类问题在理论研究和系统开发中是大量遇见的,也是考验学校培养质量的试金石。自然而然,作为工科教育的计算机专业应该把这种能力的培养放在重要的地位。解决复杂工程问题的能力越强,在未来国际舞台上可持续竞争力也就越突出。在这两者之间,可持续竞争力是导向,是要求;解决复杂工程问题的能力是内容,是体现。

1.3.3　一流学科建设与可持续竞争力人才培养

2017 年 9 月 21 日,教育部公布了 42 所"双一流"高校建设名单,以及"双一流"学科建设的 95 所高校和 111 个学科,其中确立计算机科学与技术作为一流学科建设的有 14 所大学[26]。这是一件具有里程碑意义的大事,标志着中国高等教育从教育大国向教育强国的迈进。实际上,经过几十年持之以恒的建设,我国的一些高校已经跻身于国际强校之列,培养的人才质量得到了国际普遍好评。这次"双一流"建设的正式启动,反映了高等教育向着更高目标的发展与追求,为未来国家的进一步繁荣和民族的振兴继续夯实教育这块基石。

一流的大学必须有一流的专业,专业建设是"双一流"高校建设的重中之重。为此教育部提出了"双万计划",以面向未来、适应需求、引领发展、理念先进、保障有力的一流专业为目标,建设一万个国家级一流专业点和一万个省级一流专业点,推进所有高校积极建设一流专业,培育一流人才,这是建设社会主义强国的人才之基、事业之基、发展之基。

在国家公布"双一流"建设名单的前后,各地也制定了本地区的"双一流"建设计划,并且推出一批一流建设的学科。这是积极响应国家"双一流"建设的行动,构筑地方高校建设发展新局面的重要举措。但是我们也看到一些学校把学科排名作为建设的出发点,为了在排名上取得名次,不惜牺牲学院已经形成的优势学科和特色学科,把一些并不代表学校办学实力和标志的学科推上了建设名单,这是本末倒置。我们之所以专门指出这一现象,是因为学校的办学质量,包括各种排名,最终是由人才培养的质量决定的。国内外的一些著名高校之所以享有很高的办学声誉,是因为从这个学校的大门走出了很多社会精英。应牢牢把握好办学方向,聚力凝神于人才培养,不为各种各样的排名干扰和动摇,这也是本书强调的"可持续竞争力"人才培养导向的本质所在。

西安电子科技大学校长、国家数字化学习工程技术研究中心主任杨宗凯指出,未来教育在学习环境、教学内容、教师角色上都会发生重大改变。工业化社会形成的注重共性忽略个性,注重知识忽略创造,注重效率忽略公平的教育形式将被颠覆,信息技术使得规模化与个性化统一成为可能,这是新技术支撑下教育变革的核心特征,从知识型、技能型人才观转变到创新型人才观是时代的趋势[27]。信息技术的发展使得这些革命性的变化不仅应该发生,而且必然发生。变革正在萌发于一些高校的富有创新的改革实践之中,虽然目前还只是微露于地面的稚嫩小苗,但是必将成为覆盖计算机教育的参天大树,因为它代表了计算机教育的未来发展方向。

我们认为,新时代计算机教育改革的主题是可持续竞争力培养,敏捷教学是实现这一宏伟目标的重要途径,而敏捷教学的实施需要有良好的协同支撑体系和开放教育生态。敏捷教学、协同支撑、开放生态构成了全新的计算机教育系统,是实现可持续竞争力培养的根本保障,也是我们迈向未来的改革中着力塑造的计算机教育新形态。我们将在后面各章中继续阐述相关观点,包括可持续竞争力培养的基本要素,大学和学院(系)的功能,敏捷教学体系建设,可持续竞争力培养的协同支撑体系建设,开放教育生态环境建设,以及西部高校计算机教育的挑战与机遇等。

面向未来的计算机教育改革已经扬帆启航,这是站在信息技术未来发展深刻洞察基础上的探索,也是集中了众多计算机教育工作者才智和努力的探索。

参考文献

[1] 国民经济和社会发展第十三个五年规划纲要[EB/OL].2016-3-17.

http://www.china.com.cn/lianghui/news/2016-03/17/content_38053101.htm.

［2］中国网络空间研究院.世界互联网发展报告 2017［M］.北京:电子工业出版社,2018.

［3］中国信息通信研究院.中国数字经济发展和就业白皮书（2018）［EB/OL］. 2018-4-21.http://news.e-works.net.cn/category6/news76783.htm.

［4］光明日报.2017 年我国科技进步贡献率达 57.5%［EB/OL］.2018-1-10. http://www.gov.cn/shuju/2018-01/10/content_5254969.htm.

［5］习近平在中国科学院第十九次院士大会、中国工程院第十四次院士大会上的讲话［EB/OL］.2018-5-28.http://cpc.people.com.cn/n1/2018/0529/c64094-30019426.html.

［6］The White House.American competitiveness initiative［EB/OL］.2006-2.https://georgewbush-whitehouse.archives.gov/stateoftheunion/2006/aci.

［7］National economic council and office of science and technology policy.A strategy for American innovation［EB/OL］.2015-10.https://www.whitehouse.gov/sites/default/files/strategy_for_american_innovation_october_2015.pdf.

［8］中国科协创新战略研究院.日本科学技术创新综合战略 2017［EB/OL］.创新研究报告,39（总 165）,2017-7-24.http://www.nais.com.cn/uploads/soft/180810/3-1PQ00Z615.pdf.

［9］王庆环.新工科新在哪儿［N］.光明日报,2017-4-3(5).

［10］中共中央文献研究室《中国特色社会主义国防军队建设道路》课题组.实现强军梦的行动指南:学习习近平关于国防和军队建设的重要论述［EB/OL］.2015-9-29.http://cpc.people.com.cn/n/2015/0929/c69120-27647267.html.

［11］王一鸣.高质量发展根本在于经济的活力、创新力和竞争力［EB/OL］. 2018-2-25.http://kuaixun.stcn.com/2018/0225/13984262.shtml.

［12］哈佛委员会.哈佛通识教育红皮书［M］.李曼丽,译.北京:北京大学出版

社,2010.

[13] Kevin Kelly.必然[M].周峰,董理,金阳,译.北京:电子工业出版社,2016.

[14] 周远清.周远清教育文集(一)[M].北京:高等教育出版社,2001.

[15] 网易新闻.中国标动"复兴号"今日首发[EB/OL].2017-6-26.http://news.
163.com/17/0626/09/CNRMCCEE00014AED.html.

[16] 梅宏.当前中国大数据技术存在的差距在哪里[EB/OL].2018-2-26.
http://www.sohu.com/a/224101945_582307.

[17] 袁贵仁.以新的发展理念为引领 全面提高教育质量 加快推进教育现代化:
在2016年全国教育工作会议上的讲话[N].中国教育报,2016-2-5.

[18] Stanford University.Stanford 2005-open loop university[EB/OL].http://www.
stanford2025.com/open-loop-university.

[19] Boyer Commission on Educating Undergraduates in the Research University
(BCOEU).Reinventing undergraduate education:a blueprint for America's re-
search universities[R].Stoney Brook,NY,1998.

[20] 教育部关于加快高水平本科教育全面提高人才培养能力的意见[EB/OL].
教高[2018]2号.2018-9-17.http://www.moe.gov.cn/srcsite/A08/s70561/
201810/t20181017_351887.html.

[21] 陈宝生.坚持以本为本 推进四个回归 建设中国特色、世界水平的一流本科
教育:在新时代全国高等学校本科教育工作会议上的讲话[EB/OL].2018-
6-21.http://zlzx.cust.edu.cn/tszs/50119.htm.

[22] 中国政府网.国务院办公厅印发《关于深化产教融合的若干意见》[EB/
OL].国办发[2017]95号.2017-12-19. http://www.gov.cn/xinwen/2017-
12/19/content_5248592.htm.

[23] President's Information Technology Advisory Committee.Computational science:
ensuring America's competitiveness[R].2005.

[24] 王义遒.新工科建设的文化视角[EB/OL].2017-12-16.http://jwc.fafu.edu.

cn/17/b4/c6514a202676/page.htm.

［25］本刊特约记者.全面推进中国工程教育专业认证:访南京大学计算机学院
陈道蓄教授[J].计算机教育,2008(13).

［26］教育部 财政部 国家发展改革委关于公布世界一流大学和一流学科建设
高校及建设学科名单的通知[EB/OL].教研函[2017]2 号.2017-9-21.
http://www.moe.gov.cn/srcsite/A22/moe_843/201709/t20170921_314942.
html.

［27］搜狐教育.未来教育怎么变? 华师大校长杨宗凯谈教育三大改变.
2016-12-13.http://www.sohu.com/a/121361563_484992.

第二章 可持续竞争力的培养

> 用那种把不同社会职能当作互相交替的活动方式的全面发展的个人，来代替只是承担一种社会局部职能的局部个人。
>
> 马克思

> 真教育是心心相印的活动，唯独从心里发出来，才能打动心灵的深处。
>
> 陶行知

总体而言，可持续竞争力的培养需要三个支点，即概念和目标、教学内容中的关键要素、教学体系和生态。第一章已讨论了第一个支点，本章讨论第二个交点，即关键要素，它们构成了可持续竞争力培养系统的基本骨架。后续几章将讨论教学体系和生态问题。

在讨论可持续竞争力培养的关键要素时，首先回到一个更为基本的问题，即大学的功能问题。尽管可持续竞争力是一个伴随终身的教育和学习过程，整个社会（也包括大学）都应该为此提供连续的和有效的环境与服务，但是毫无疑问，大学是形成可持续竞争力的关键阶段，一个人在社会上的成功在很大程度上取决于大学阶段教育的成果。培养一个学生所需要付出的努力是如此巨大，除了理想的形成、心智的开发、知识的积累与能力的训练、各种文化的交流与理解,还要处理好学生之间来自家庭背景和智力发展的差异性,实现针对每个学生的个性化管理。大学必须以育人为本,这是无可替代的永恒主题。

可持续竞争力的关键要素则提出了更加具体的培养要求,希望所有高校在推进计算机教育改革时要重视这些关键要素及其之间的关系,以使学生能够真正得到全面的能力培养与视野开拓。在我们看来,这些内容既是可持续竞争力人才培养最基本的教学要求,也有助于缩小不同高校之间的人才培养差距,更好地实现教育的公平性和均衡发展。

2.1 可持续竞争力与大学功能

2.1.1 人才培养:大学的核心功能

大学不仅支持着国家的未来,事实上它创造着国家的未来。因此,大学教授的首要职责是上课,将人类文化中最精彩也是最具有生命力的内容传授给学生,同时引导学生将这些知识应用于各种创新与发明。大学教授应主动将文化精华和学术思想融入计算机科学的教育和教学,鼓励各具亮点的多种教学学派和方法,建立具有中国特色的计算机教育体系。为了培养高质量的人才,大学教授应做科学研究,甚至应该成为某个领域的佼佼者,这样才能把最新的学科发展介绍给学生,从这个意义上说,没有科研经历的教授是不称职的。在大学里,科研是为了教学,而不是在科研之余去讲讲课,教学是教师的天职。荀子说,"礼者,所以正身也;师者,所以正礼也。无礼,何以正身? 无师,吾安知礼之为是也?"[1]耶鲁大学前校长 Richard Levin 指出,课程本身非常重要,但是最为重要的是怎么去给学生进行指导和辅导。老师教的不是教材本身,而是教会学生怎么去解决问题,怎样做研究,怎样分析,怎样利用工具,做到这些才能成为更好的老师。[2]教授应该把自己在科研中的感悟和经验传授给学生,以自己的道德文章影响学生,这是大学教学的真正价值。在信息化比较发达的今天,获取知识本身已经没有什么困难,而比起知识更宝贵的是对于这些知识的理解和应用。学生通过在大学的学习,从教授那里学到的不仅是知识,更多的是对学科的启蒙、对社会的理解,以及对理想信念的感悟。

人才培养的内涵和形式随着时代的进步而被赋予不同的内容,农耕时代师徒相传的小规模个性化培养模式在工业化时代被大规模标准化人才培养模式所取代,保证了社会对于工业技术人才的大规模需求。特别是在我国,以行业型大学为特点的工程技术人才培养在很短的时间里提供了大量合格的专业人员,确保国家迅速建设成为工业化社会,这是中国高等教育为国家做出的历史性贡献。当前我们再次面临社会转型,需要由培养熟悉已有生产规范和流程的专业人员转变到培养既熟悉现有技术,又具备创新能力的新型人才,这就需要对传统的教学形态和教育模式进行彻底的改革,推进大规模个性化的敏捷教学,由原来的灌输式、塑造式教育转变为服务式、启发式教育,这是大学人才培养模式的新挑战。

我们生活在一个多元化的社会中,而且随着社会的进步,这种多元化的趋势越来越明显,不同的观念和文化随时可能产生碰撞,必须采用多种角度看待问题和处理矛盾。这在本质上会促使社会的发展和进步,因此我们应培养学生适应多元化的环境,并且能够宽容地对待各种不同意见和表达。但是我们也要注意,在多元化的背景下,大学的功能有可能被来自不同方面的要求所误导,它的育人功能会被各种看起来"十分正确"的意见所模糊,从而弱化甚至失去大学最根本的社会职责。借助多元化而否认人类社会的一些基本原则是危险的倾向,这个世界有些基本原则是需要恪守的,不能因为多元化的文化而遭到破坏。在不同的时代和社会背景下,大学育人的目标和模式有不同的含义和内容。但是教书育人这个简单而基本的原则却是贯穿历史发展的根本,不应削弱和动摇,只能在更大程度和范围得到加强和展现。可持续竞争力的培养必定要在正确的大学功能定位下才能全面展开,很难想象,一个将教学育人放在次要位置上的大学能够实现可持续人才培养的要求。因此我们再次强调无论社会如何变化,技术如何发展,大学永远以人才培养作为中心,这是大学根本的历史使命和社会责任。

然而,"人才培养是大学的中心功能"这一天经地义的命题却常常受到挑战,有些来源于社会,有些来源于政府,有些甚至来源于学校本身。一些异想天开的评价和排名体系,不是从人才培养的质量或者社会表现来衡量,反而使用诸如科研经费或者各种奖项这些看起来可比的指标对学校进行分类,即使像师资水平这样的内容,也被简化为院士、"杰青""长江学者"的数量,而不管这些人是否能够稳定地工作在教学一线。一所大学通过历史积淀的办学优势被概括为纯粹的数字,这种评价误导了社会对于高校的正确认知,也影响了政府对于学校的客观判断。

在这样的环境中,地方高校受害尤为严重,一些学校放弃踏踏实实搞好教学的基本职能,去追求一些评价指标,因为比起教学工作来说,这些评价指标显得更加能够立竿见影。但是如此下去,学校的办学优势和特色将被抹杀,形成千校一面的雷同化办学。一些学校会因为在某个排名体系中前进几位而沾沾自喜,而看不到这种唯排名导向的办学给学校带来的长久损伤。当然我们不反对通过科学评价来衡量学校的办学状况,无论是官方评价还是社会第三方的评价,但是这种评价只能是学校的参考,并且不宜过分宣传。

2.1.2 教育改革:通识教育与专业教育

近几十年来,国际上对于高等教育的改革始终没有停止,目标就是适应社会的不断发展,培养新一代具有国际竞争力的人才。德国大力推进新一轮高等教育改革,在博洛尼亚进程框架下,建立创业型大学,引进新的学位制度和学分制管理,实行了灵活的通识教育形式,更加突出强调理论与实践的紧密结合[3]。美国从 20 世纪末提出了《重建本科生教育:美国研究型大学发展蓝图》,持续推进大学本科教育的改革,以通识教育为主,重塑本科教育,鼓励研究性学习,培养具有多学科交叉背景,对于历史文化深刻了解的创新型领导人才[4]。即使在比较传统的英国,也于 2017 年 4 月 27 日经议会审议通过《高等教育与研究法案》。该法案体现了高等教育新的综合性改革,实施教学卓越框架(Teaching Excellence Framework,TEF),推进教育国际化,发展大规模在线教育模式等,进一步提升英国教育在国际上的影响力[5]。

在高等教育重视综合性交叉型人才培养的趋势下,国内越来越多的大学在本科阶段实施了通识教育与专业教育相结合的模式。这是符合中国国情的改革探索,也适应于可持续性竞争力的人才培养目标。一些学校尝试新的教学组织模式,例如书院制、全面的学分制、主辅修制度以及双学位制度等。其中书院制值得关注,这是以不同专业学生的共同生活社区为基础,通过学生自我管理的社团组织和导师制等,拓展学术及文化活动,促进学生的思想交流、兴趣互动、文理渗透,推进通识教育和专业教育的结合。通识教育不仅为专业教育打下一个良好的基础,更重要的是培养学生做人的基本品格和做事的基本能力,提高大学生的综合素质与创新能力。李未院士认为:本科阶段学习的第一次工业革命以来人类累积知识的概括和结晶,是使学生成为现代社会建设者和新社会创造者所必备的基础知识,是打开信息社会之门的钥匙。如果一个大学生本科没有学好,即通常所说的基础没有打好,那么在研究生阶段就很难学懂、学精,毕业以后也更难用好"。[6]

总体上来说,面对未来的社会,基础性、综合性和多元性是人才培养的关键,除了传统意义上的知识传授和技术训练,对学生的市场意识和风险意识的培养、跨学科创新创业能力的培养,以及国际表现能力将成为重点和亮点。仅有知识和技术并不能充分适应社会变化,只有综合上述各种能力才能真正成为引领时代的翘楚。"年轻一代的个人职业发展需求与成功要素也在发生变化,他们需要在理想与价值观、见识与知识、实践与能力、文化与素质等方面全面发展,才能具备适应未来社会发展与挑战的可持续竞争力。"[7]

对于这种综合化和跨学科的趋势,国内外一些高校在通识教育或宽口径专业教育框架下,试行学生全面综合素质和跨学科交叉性课程培养,着眼于视野更为长远的育人生态环境建设。北京大学、清华大学、复旦大学、中国人民大学、中山大学等高校联合成立"大学通识教育联盟",全面推行综合大学博雅教育,他们的实践为中国大学实施新时代人才培养的途径和方式积累了很多经验[8]。通识教育与专业教育相结合的人才培养,是在中国的土壤上形成的具有中国特色的教育模式,是对国际高等教育体系的丰富和完善。

大学的育人功能是通过教学体系、支撑体系和教育生态环境三个方面体现的,在迈向未来的计算机教育发展过程中,其内涵必然会发生重大变化,一些传统模式将被新模式所替代,一些习以为常的观点也将被新的观点所更换。这里特别强调一下教育生态环境的建设,因为这是更为本质的内容。学生在学校中学习,随时都在接受校园文化的浸润和熏陶,这种影响有时难以感觉,但却实实在在存在,对于学生世界观和人生观的形成至关重要。在与一些走上工作岗位的大学生接触过程中,我们可以明显感到来自不同学校文化所表现的特质。这些文化的熏陶已积淀在个人的本性之中;在大学里学到的知识可能会忘却,但是这些积淀却已成为无法抹去的教育印记。这些印记将形成人格品质,终生伴随他们的工作和生活,并且在很大程度上决定事业的成败和价值的体现。教育生态环境建设比起教学体系的建设更为基础、更为重要,因此对于培养可持续竞争力的人才而言意义更为深远。

2.2　可持续竞争力培养的关键要素

尽管对于当前的计算机教育已经有了许多系统甚或是成熟的

理论、实践和经验,但是面向未来的 15 年,计算机教育应该怎样发展,仍然是全新的课题。我们需要站在信息社会人才培养的角度,以新的观念和思路设计计算机教育的发展与改革之路,使之顺利地从今天出发,到达未来的彼岸。

大学教育中人才培养包括素质、知识和能力三个方面,是个系统工程,既涉及培养的目标定位、课程体系、实践体系,也涉及培养的支撑环境和教育生态。通过在这样的环境中全面学习和生活,学生将会形成适应社会的"公民素质"和胜任工作的"专业素质",以此构建完整和健全的人格。

本节阐述专业素质培养中十分重要的内容,也是可持续竞争力与教学内容相关的要素,即计算思维、系统能力、核心课程、产学合作和国际化能力。基于这些关键要素,学生能够理解计算机理论及应用的本质思想,掌握计算机的核心知识和技能,具备从想法到产品的系统开发能力,熟悉计算机的前沿技术与市场运作,以此养成合格的专业素质。如果将计算机教学比作一个建筑的话,那么,计算思维是根基,系统能力是骨架,核心课程是支点,产学合作是拱梁,国际化能力是通道。这些内容构成了可持续竞争力最重要的能力素养,是学生走向社会后能够胜任工作、应对变化、开拓创新、发展事业的基础,并且使学生受益终身。

2.2.1　计算思维:创新能力之基

人之教育,首在思维。从各个时期的大学来看,思维能力培养总是处于核心地位。从人类科学研究的发展史来看,目前主要有三种基本的科学思维范式。一种是以物理学为代表的实证主义思维，这是以研究客观物质世界为对象的思维范式，现象观察和规律验证为其主要特征。第二种是以数学为代表的逻辑主义思维，这是以研究人造符号系统为对象的思维范式，公理设定和推理演算为其主要特征。尽管数学在自然科学研究中扮演了极其重要的角色，但一般认为数学本身不属于自然科学。随着 20 世纪中期数字计算机的发明，人类历史逐步进入信息时代，信息技术把人从繁重的脑力劳动中解放出来，人类的劳动方式和生活方式发生了彻底的变化。与 300 多年前物理科学重大突破带来的震撼一样，计算机科学又一次给人类社会带来全新的变革。伟大的变革背后一定有伟大的思想，在我们关注计算机带来各种变化的同时更应该注意到，以计算机科学为主要支撑的信息科学带给我们一种新的思维范式，即第三种科学思维范式：计算思维。

计算思维是基于信息的获取和分析计算，以算法求解、系统构建、自然与人类行为理解为主要特征，实现认知世界和解决问题的思想与方法。

计算思维以研究客观信息世界为对象，经过抽象化的过程将信息变换为符号，即所谓的数据，再经过自动化的方法对信息或者数据进行处理、分析和计算，建立相应的系统描述和计算模型，达到认知世界和解决问题的目的。计算过程是自动实现符号变换的过程，反映了信息在时间、空间、语义、属性层面的变化。相比较而言，信息科学（包括计算机科学）研究信息运动和变换，其他自然科学更注重物质运动与能量运动[9]。计算思维是一种从信息运动的角度认识世界并改造世界的思维方式，我们经常听到的算法思维、网络思维、程序思维和工程思维原则上都属于计算思维的范畴。

物理科学与信息科学分别研究客观世界的两个不同侧面,即物质属性和信息属性。从思维对象到处理问题的方式,计算思维都有其独特的认知世界的角度和解决问题的方法,表现了与物理学和数学不一样的思想性和方法论。正是因为这些原因,计算思维并列于实证思维和逻辑思维,被称为现代科学思维的三大范式之一。这三种思维范式为科学研究提供了强有力的武器,使得人类的科学知识能够稳定可靠地积累和发展。在信息时代,计算思维对于理解计算机科学的演变和开拓各种创新应用具有特殊的意义,其中的一些基础概念,例如循环、迭代、接口、容错、交互、归约、平台等已经成为日常用语,被广泛使用。

2000 年前后,一些国内外学者关注到计算机科学特有的思维方式,提出在教学中应该重视这种思维的训练,例如美国麻省理工学院的 Seymour Papert 教授(1996 年[10])、北京工业大学的蒋宗礼教授(2002 年[11])。2006 年,美国卡内基·梅隆大学的周以真教授在《ACM 通讯》上正式而明确地提出了计算思维,认为随着信息技术和计算机应用的普及,计算机科学所特有的计算思维也会逐渐扩散,成为所有公民必须掌握的,如同“读、写、算”那样的基本能力[12]。当广泛地将计算机应用于社会的各个领域时,也必须看到,被计算机改变的不仅是生活和世界,它也正在而且会继续改变着我们的思想,改变着我们对于这个世界的认知和对待问题的态度与方法。

计算思维被提出之后,立即受到专家、高校和政府的高度关注。美国国家科学基金会(National Science Foundation,NSF)建议全面改革美国的计算机教育,确保美国的国际竞争力,并在 2008 年启动了一个涉及所有学科的以计算思维为核心的国家重大科学研究计划 CDI(Cyber-Enable Discovery and Innovation),将计算思维拓展到美国的各个研究领域[13]。2011 年,NSF 启动了 21 世纪计算机教育计划 CE21(the Computing Education for the 21st century),其目的是提高中小学和大学一、二年级教师与学生的计算思维能力[14]。NSF 希望通过 CDI 等研究计划,使人们在科学与工程以及社会经济技术等领域的思维方式产生根本性的改变。

2010 年,清华大学、西安交通大学等高校在西安召开了首届“九校联盟(C9)计算机基础课程研讨会”。会后发表了《九校联盟(C9)计算机基础教学发展战略联合声明》[15],提出要加强以计算思维能力培养为核心的计算机课程体系和教学内容的研究。中国科学院信息领域战略研究组编写的《中国至 2050 年信息科技发展路线图》提到,21 世纪将兴起一场以高性能计算和仿真、网络科学、智能科学、计算思维为特征的信息科学革命,信息科学的突破可能导致 21 世纪下半叶一场新的技术革命[16]。一些专家也积极呼吁重视计算思维对教育和科技产生的作用。孙家广院士在“计算机科学的变革”一文中认为,计算机科学最具有基础性和长期性的思想是计算思维[17]。陈国良院士指出:“长期以来,计算机科学与技术这门学科被构造成专业性很强的工具学科,‘工具’意味着它是一门辅助性学科,并不是主业,这种狭隘的认知对于信息科技的全民普及极其有害。[18]” 平台软件 Mathematica 的首席设计师、美国数学协会首席研究员史蒂芬·沃尔弗拉姆认为:计算作为一种概念的重要性被严重低估了,它只是作为一种方法的背景被提到,却没有意识到计算本身才是应该研究的核心问题。[19]

在计算机教育历史中,将计算机作为一种技能培养的思想是根深蒂固的,在这样认识的驱使下,经常把计算机课程变成了工具的训练课,学生无法得到解决实际问题的深刻思想和方法上的启迪。这些陈旧的教学观念和现象还是普遍存在,需要更主动地采取有效措施,从思想观念、师资队伍、教学内容、教学方法等方面入手,进一步强化对学生计算思维能力的培养[20]。近十年以来,高校和科研院所的一批教师和研究人员积极推动有关计算思维理论、教学体系以及教学内容的研究,并且逐步渗透到科学与工程和社会经济等领域,使用计算思维的概念与方法,产生革命性的对于各领域应用的新理解、新成果、新技术。

计算思维的意义不仅是技术层面的,更是一种世界观、一种哲学观,对于我们的社会、生活,乃至于人类社会的组织方式都具有深远影响。随着信息化的全面深入,无处不在、无事不用的计算使得计算思维也成为人们认识和解决问题的重要方法。"一个人若不具备计算思维的能力,将在从业竞争中处于劣势;一个国家若不使广大受教育者得到计算思维能力的培养,将在激烈竞争的国际环境中不可能引领而处于落后地位[21]。"由于从小学到中学基本上都是按照实证思维和逻辑思维训练学生的,因此在大学阶段引入计算思维训练尤为必要,这既是当今各种计算机应用方法的基础,也是从总体上丰富和完善学生的科学思维能力。计算思维及其方法论是理解计算机在各个领域应用的"金钥匙",大学生在具备实证思维和逻辑思维的基础上,再掌握计算思维的特点与方法,自然会在信息社会的各方面如鱼得水、游刃有余。同时计算思维也使学生对社会、人生、人与人、人与自然之间的关系有更加包容和更加客观的理解[22]。

2.2.2 系统能力:专业发展之本

在可持续竞争力人才的培养中,计算机系统层面的认知与设计能力,即系统能力占据了十分重要的位置。随着大规模数据中心的建立和个人移动设备的普及使用,计算机发展进入了后个人计算机时代,呈现出"人与信息世界及物理世界融合"的趋势和网络化、服务化、普适化、智能化的鲜明特征。计算机人才培养强调的"程序开发能力"也正在转化为更重要的"系统设计能力"。为了能够应对各种复杂的计算机应用,编写出适用于各类不同平台的高效程序,开发人员必须了解不同系统平台的底层结构,熟练掌握其中的技术和工具,培养在相应领域的整体系统观,具备能够进行软硬件协同设计的贯通能力[23]。而恰恰在这些方面,我们与国际上发达国家的差距还不小,重大装备或者重大应用系统的研发,例如航空设备(大飞机和无人机)、数控设备、通用医学设备(大型的和微型的)、金融交易平台、大型数据处理软件、政务管理软件等,都不是单项技术的开发,而是要求整体的系统层面综合设计,通过软硬件协同实现开发方案的最优化,以强大的底层技术和工程方法来保证各项功能的实现,这就是我们所说的"系统能力"。系统能力强调从基础性和全局性角度来理解计算机内部结构和应用架构,掌握计算机科学中相对稳定和本质的内容,在新技术和新应用出现时,能够很快进行消化,并且在需要时能够开创新的技术和应用。也就是说,具有很强的对于未来知识变化和技术进步的适应能力。

根据公认的定义,系统是由若干相互联系、相互作用和相互依赖的部件结合而成,具有一定结构和功能,并处在一定环境下的有机整体。

系统能力是依据确定的系统功能设计与开发系统结构,实现工程目标的能力。

从计算机教学的角度来说,可以将计算机系统划分为如下三个层次:

① 运用数学和物理原理,设计和开发计算机运行系统,包括中央处理器(CPU)、操作系统及基础网络设施,这是计算机最基本的系统,称为计算机基础系统。

② 运用计算机基础系统原理,设计和开发计算机领域的专门系统,例如软件开发系统、数据库系统、编译系统等,称为计算机领域系统。

③ 运用计算机领域系统原理,设计和开发各种应用系统,例如数字制造系统、无人驾驶系统、无线通信系统等,称为计算机应用系统。

国内外在系统能力培养上已经取得了许多进展。ACM/IEEE的 CS2013、SE2014、CE2016、IT2017 等规范在知识结构方面加强了系统知识和系统能力的培养。国际上卡内基·梅隆大学、斯坦福大学、新加坡国立大学等高校在系统能力培养方面已经取得了很好的成效。国内方面,国防科技大学、北京航空航天大学、清华大学、北京大学、浙江大学、南京大学、上海交通大学、中国科学技术大学等高校对系统能力培养进行了深入研究和广泛实践,提出了课程体系总体设置思路,以及原理性与工程性相结合的教学方法路线图,并且与华为、腾讯、微软、谷歌等企业合作培养实战能力,取得了很好的进展和成效,正在进行较大范围的试点和应用推广[24]。

但是总体而言,国内高校计算机专业对系统能力培养的重视有待加强,学生在系统能力方面存在不少问题,不能满足社会和技术发展的要求。首先,不能很好地建立计算机系统完整概念,缺乏系统观,难以解决系统层面的问题;其次,对于计算机系统的核心内容掌握不够,大部分学生难以胜任复杂的涉及软硬件协同设计的任务;再次,由于缺乏系统各部分之间关联的理解,使得学生综合分析、设计和应用能力也较差;最后,由于系统性的综合实践环节缺乏,学生动手能力较差,工程方法掌握不够。因此,在实际产品和问题解决过程中,源头性的创新和根本性的解决思路匮乏。在技术方案的设计中往往只能从自己熟悉的知识和擅长的技术中寻找办法,而不是从系统层面的角度寻找最优的解决策略。这就导致开发的产品虽有短期和局部的竞争力,但缺乏可持续性。

系统能力培养和系统观教育对于所有计算机培养方向均适用。我们希望各个高校的计算机专业都重视和建设相应的课程体系,根据学校的办学定位和教学条件,在三个不同层面的计算机系统上选择适当的内容开设课程。无论是深入掌握,还是基本理解,课程要求的深度可以不同,但是一定要有这方面课程内容,这样才能保证学生在未来社会中具有必要的创新能力。

2.2.3 核心课程:教育质量依托

大学或者学院主要是通过课程进行教育的。现在一所大学开设的课程基本上都达到了 1 500~2 500 门之多,计算机学院开设的课程至少也有 100 门。选择教什么或者学什么的确不是一件容易的事,我们必须对课程进行梳理,指出哪些课程是大学生应该主修的,哪些课程具有中心位置。这样的课程即所谓的核心课程。

核心课程是针对学生全面发展和能力特色而设立的最基本的系列课程。

本文所述的核心课程不仅指通识教育层面的核心课程,也包括专业教育层面的核心课程。核心课程是人才培养目标的集中体现,是课程体系中最基本和最重要的必修内容。

核心课程的设置应该从时代需求和学生成长需要出发。任课教师需要仔细研究学校的培养目标和学生的需求,制定科学的核心课程体系。教师自己也要不断再学习和再提高,传授最新和最实用的,也是学生最需要的内容。不能用七八年不变的课程和教学内容来应对日新月异的新形势,也不能用教师个人的偏好来替代科学的教学内容。

1975 年,时任哈佛大学文理学院院长的亨利·罗索夫斯基(Henry Losovsky)接受校长德里克·博克(Derek Bok)的委托调研学校课程开设情况,发现在通识教育的框架下,学校设置了大量课程,而学生完全是随意和缺少目标地进行选择。这些课程既不能形成完整的知识体系,又不能持续在某个领域有深入的训练,课程的碎片化和肤浅化严重影响了培养质量。因此罗索夫斯基提出了"核心课程"的概念,期望能够在混乱的课程"泥潭"中给学生一份指导,使得他们能够真正学习到人类知识中那些最基本和最精彩的内容,并且通过系统和渐进式的学习深入把握自己的专业。1978 年,罗索夫

斯基在一份报告中提出了通识教育核心课程应该关注的内容,共 5 条,在这里简单地列举如下[25]:

① 受教育者必须能够清楚和有效地思考和表达。

② 受教育者应该在某个知识领域深入钻研,渐进式学习是开发学生推理和分析能力的有效方法,这是本科生主修课程时的主要形式。

③ 受教育者必须能够批判地接受和应用知识,应该理解世界、社会和他们自身,对于文化和艺术具有美学与心智的体验,对于历史能够作为理解当前问题和处理人事关系的模型,具有现代社会科学的概念和分析技巧,具有物理学与生物学的数学知识与实验方法。

④ 受教育者应该具有思考道德和伦理的经验,这是形成他们通过判断做出道德选择的最有意义的品质。

⑤ 受教育者不能被看作是对于其他文化与时代漠不关心,人们的生活不再可能与这个世界其他地方没有联系。受教育者与未受教育者重要的区别在于前者的生活经历具有更加宽阔的环境。

这 5 条要求充满了理想主义的色彩,与其说是对学生的要求,不如说是对哈佛的期望,即使大学的教师也未必能全部满足这 5 条要求。但是将这些要求作为设计核心课程的目标还是有积极意义的,其背后蕴藏着对学生全面素质的期待,以及对未来世界领导能力的渴望。自然也包含了本书所说的可持续竞争力的标准。

关于计算机专业的核心课程,目前还有一些不同的意见。一种意见认为,核心课程应着眼于最基础和最基本的内容,打好基础,就可以顺利地学好其他计算机方面的课程。另一种意见认为,核心课程应包括最前沿和最实用的课程,这些课程是学生毕业后寻找第一份职业的关键。我们倾向于在师资力量较强的学校,注重计算机科学理论基础的传授。

教育部《普通高等学校本科计算机类专业教学质量国家标准》中规定,除数学和物理课程之外,还应将程序设计、数据结构、计算机组成、操作系统、计算机网络、信息管理作为核心内容,包括核心概念、基本原理以及相关的基本技术和方法。因为这些内容是所有新技术的源泉,也是计算机技术千变万化下最基础的部分。掌握了这些内容不仅能很好地理解当前的各种技术,而且在需要时能创造新技术。所有高校都应遵照国家标准,根据学校的人才培养定位,开设不同导向的核心课程,体现办学特色。核心课程体系也是分为模块或者按照专业方向设计的,因此核心课程实际上是课程群的概念。

为核心课程描述几条原则也许是简单的,但是付诸实现却并不容易,原因在于核心课程既要受限于学时和学分的约束,又要符合学校整体规定的毕业标准,还要关照到学生的不同兴趣和个性化发展,几方面的统一有相当的难度。国内一些高校已经做了积极的探索,也取得了很好的经验。例如,南京大学在本科生培养中实行了"三三制",即在前三年中分别实施大类培养阶段、专业培养阶段和专业分流阶段,在专业分流阶段又有三个方向的选择,即学术深造、跨学科发展和就业创业[26]。清华大学在本科生阶段实行通识教育基础上的专业教育,落实以学生学习与发展成效为核心,将教学过程与科研过程深度融合,学生在本科阶段就可以进入科研领域,进行科研能力的培养[27]。浙江大学实行"一横多纵"的教学模式,学生在二年级可以选择自己喜欢的项目和感兴趣的专业,建立学生社会多方位沟通平台,使学生成才环境尽量与社会互通,达到统一教学计划下的个性化发展[28]。

对于非计算机专业的计算机课程,教育部高等学校大学计算机课程教学指导委员会发布了《大学计算机基础教学基本要求》[29],明确提出了计算机基础教学中涉及的 42 个核心概念。这些核心概念重在理解各种计算机应用原理以及培养计算思维能力。非计算机专业的学生没有必要成为精通计算机的专家,但是他们应该能够判断谁是真正的专家,能够向计算机专家清晰地描述所遇到的问题,能够理解计算机专家提出的建议,这些是非计算机专业的学生学习计算机课程后应该具备的能力。

计算机教育的发展和改革需要对现有课程体系进行重新审视和创新,不能只是对原有课程进行修修补补。我们对当前计算机教育面临的问题要有清醒的认识和变革的决心,大力推进核心课程的建设。

2.2.4 产学合作:优化教育生态

从传统意义上讲,企业是开发产品和销售产品的机构,高校是学术研究和人才培养的机构。高校出思想和发明,而企业则根据这些思想和发明开发出新的产品。这就是通常说的"产学研结合"。30 多年前,很多企业纷纷到大学寻找科研成果,试图解决生产线上出现的问题。那时不仅学术思想在高校,具体的开发技术也在高校。高校具有优秀的人才资源,又具备完备的实验仪器条件。但是経过几十年的发展,很多现代信息企业不仅能够开发产品,而且也具备了很强的科学研究能力,也能够做出重大的发明和技术的革新,甚至一些企业还可以自己培养所需的技术人员和管理人员。实际上,信息社会的一个特点就是从理论到技术再到产品的周期越来越短,高校和企业的边界也变得越来越模糊。

总体来说,这是社会发展的必然结果,作为技术创新的主力军,企业的职能和形态发生如此重大的变化是一种必然现象。大学应该以开放态度迎接这种变化,并且重新调整自己的位置,在坚持学术传承和创新的同时,积极与企业进行合作,在前沿领域的重大关键问题和人才培养上发挥各自优势,取长补短,构建更好的教育生态,实现更大的作为。

几百年来,大学一直是创新和创造的源泉,今后也还继续会是。但是今天我们更加关心如何将这些思想创新和技术创意变成实际的产品,以造福社会和人类。现在手机已经成为几乎人手一部的电子设备,集中了许多尖端的科学技术,技术的源头大都来自大学;但是手机这种产品却注定是由企业开发,因为企业具有产品开发和市场运行的优势和经验。一般而言,大学没有可能也没有必要去做企业的市场开发,正如企业没有必要重点做基础科学研究一样,因此大学与企业的合作将是社会发展的必然之路。这种合作不是30年前那种"你有问题我帮你解决",或者"我有实践课程你帮我完成"的合作,而是瞄准科技重大前沿问题,共同攻关和共同成功地合作,是一种更高层面上的协同创新。在信息时代,建立大学与企业的新型关系,是社会组织形式重大变革的内容之一。

但是也有一些高校的观念仍然停留在十几年甚至几十年前,将企业仅仅看作是学生实习实践的场所,是学校课堂教育的补充;学生在企业里只是使用现成的软件编制程序,或者采用企业培训员工的手册做教材,这是很不负责的教育方式。企业在实际产品开发中产生和积累的经验与方法无疑是重要的,但是对于一个具体的企业而言,它的开发经验与方法总是具有某些片面性和实用色彩。这些内容在没有经过理论打磨和融合之前,是不适宜在大学里讲授的。大学不是企业的员工培训班,而应将这些内容背后的规律和共同的知识传授给学生,使学生很好地适应行业的需求。大学生应该是引领技术的进步,而不是跟随企业利润追求的打工者。大学不应津津乐道有多少学生通过了企业的测试,或者完成了企业所布置的任务,真正应关注的是,这些学生在企业的实践中到底具备了多少应对未来技术发展所必要的积累。如果企业不能给学生提供这些能力和素养,这样的实习完全不值得提倡。

为汇聚社会资源支持高校专业综合改革和创新创业教育,自2014年起,教育部高等教育司组织国内外知名企业与高校开展"产学合作协同育人项目",引企入教,鼓励企业以多种方式参与高校的人才培养模式改革,在教学内容与课程体系改革、师资培训和实践条件建设等方面实现突破。项目实施4年来,已有500多家国内外知名企业与近千所高校深度合作,以华为、腾讯、百度、阿里巴巴和谷歌、苹果、英特尔、微软为代表的一批国内外知名企业积极参与。项目质量不断提升,管理不断规范,社会影响不断扩大,实现了校企资源共享、合作共赢。时任高等教育司司长张大良对此表示肯定,他认为产学合作十分重要,可以实现教育内部资源与外部资源的对接,将社会优质资源转化为育人资源,是破解人才培养难题的重要途径,也是推动产业转型升级的迫切需要。[30]中国高校计算机教育MOOC 联盟成立了企业合作工作委员会,将校企合作推进到在线开放教育领域,为企业教育资源的更快扩展和共享提供了新的平台,促进了产教融合、校企合作。[31]

以研发了 AutoCAD 著称的美国欧特克公司(Autodesk)前任总裁兼首席执行官卡尔·巴斯(Carl Bass)认为,信息社会带来了经济全球化,这个世界越来越紧密地联系在一起,更加相互依赖,因此我们面临的问题也就越来越多。而应对这些问题的解决方案,往往涉及一些相互重叠和相互关联的产品[32]。我们的毕业生应对这些挑战所需要的知识和在大学里学到的往往不大一样,这时就需要技术发明和产品创新两项能力,这正好是企业的优势。微软公司原首席研究与战略官克瑞格·蒙迪(Craig Mundie)指出,在计算机教育改革的新形势下,高校必须更新观念,把企业看作是办学过程中不可或缺的合作者,与企业一起培养具有跨学科思维能力,在技术创新中敢于冒险,能够适应风险环境的学生,这种学生在未来才能够适应各种挑战[33]。

相比于传统工业社会人才培养着重知识和技术,信息社会所需要的人才应该具有更多的对于市场变化的敏感,以及对于市场需求的开拓。因此除了知识和技术之外,我们期待的人才应该具有面向应用的技术整合能力、具有产品研发的市场实现能力、具有创新创业的运作能力和抵抗风险的心理能力。一句话,应该具有适应未来技术发展和市场变化的可持续竞争力。

通过产学合作来优化教育生态,是培养可持续竞争力人才的重要途径,而这正是当前教育所欠缺的。

2.3 可持续竞争力培养的国际化能力

2017 年 6 月 2 日,在国务院总理李克强、比利时首相夏尔·米歇尔的主持见证下,中兴通讯与 Telenet 在布鲁塞尔举行盛大签约仪式,双方代表签署 5G 移动通信和互联网战略合作伙伴关系协议,将进一步深化双方在新一代通信技术上的合作[34]。

在这些新闻的背后,我们看到了培养熟悉国外文化、通晓国外法律、了解国外市场的计算机专业人才培养的重要性和迫切性。随着"一带一路"倡议的提出,以及经济全球化的发展趋势,我国对全球经济的贡献率大幅提高,成为全球创新版图中日益重要的一极。一大批信息企业正在走出国门,参与并引领国际市场的建设与发展。与之相适应,我们必须有一批能够在国际舞台上表现优秀的专业技术人员,他们能够在复杂的国际合作与竞争背景下,积极参与和主导国际市场重大事务决策,推进信息技术的国际合作,制定信息行业各项国际标准,把中国文化和中国产品推向世界市场。这是历史赋予他们的责任,也是中国走向世界的必然趋势。

2016 年 5 月 14 日,经济合作与发展组织(Organization for Economic Co-operation and Development,OECD)提交了一份题为"面向包容世界的全球化能力"(Global Competency for an Inclusive World)的报告[37]。该报告首次提出了"国际化能力"。根据 OECD 的报告,**国际化能力是从多元化观点批判性分析全球和跨文化事务的能力;理解自己与他人在情感认知、判断和想法之间差异的能力;以开放、适当和有效方式与不同信仰背景的人通过相互尊重的方式进行**

交流的能力。国际化能力包括对全球或者跨文化事务的深度理解，具有和不同背景的人共同生活并向他们学习的能力，以及在相互尊重的互动中应持有的态度和价值观。

报告认为，全球化带来了社会变革、新的经历和更高的生活标准，但是同时也引发了新的经济不公平和社会分化。数字经济和网络商业模式鼓励创业，但是也降低了工作的稳定性和收益。面对前所未有的挑战与机遇，年轻一代需要具备新的能力，无论在传统或者在更具挑战性的工作环境中，都需要与来自不同学科及文化的其他人合作，解决复杂的问题并创造经济与社会价值；需要在面对不同信仰和意见的情况下，做出判断并采取行动；需要理解文化的局限和偏见，任何个人对于世界的看法都是片面的。近些年来，教育界一直在讨论如何才能最大程度地增强这些能力，是否存在一个独特的能力领域能够确保年轻人适应他们即将工作与生活的文化多元及数字化连接的社会？如果有，如何进行开发？学生是否可以学会调动自身拥有的知识、认知及创新技能、价值观及态度，确保自身的行动具有创新性、合作性并符合伦理？

报告进一步认为，学校应该在帮助年轻人应对未来生活方面继续发挥重要的作用，学校将对年轻人提供机会学习国际化的发展，这种发展对于世界和个人生活都具有重要意义。现在面临的普遍挑战是如何将"国际化能力"植根于学校中，让年轻人为融入当今快速的变革做好准备；能够使用超过一种语言与来自其他文化或国家的人进行有效沟通；能够理解其他人的想法、信念及感觉，并从他们的视角看世界；能够调整自身思维或行为以适应新环境和背景；能够批判性思考和评价信息的内涵[35]。

赵沁平院士指出,随着经济全球化,与特色型大学相关的行业面临激烈的国际竞争,需要国际化的具有专业能力的人才,这种精英人才要能够带领团队走出国门,在国际上开拓、竞争、发展。[36]大阪大学原校长鹫田清一指出,对于大学的所有活动来说,国际化都是十分重要的课题,让学生具有国际化视野是大学教育最重要的目标,所以大阪大学积极推进与国外大学的双向交流活动,重视学生的海外经验。大阪大学的国际化战略目标是成为面向全球、具有魅力的大学,因此必须加强与国外研究人员、研究机构的合作,向世界公布研究成果;在国际舞台上进行对话,培养有创造性的人才,以及构造亚洲研究共同体,推动实现国际贡献。[37]

在中国积极引领构建新型国际关系和人类命运共同体的形势下,我们应比过去任何时候都更加关注学生的国际视野和国际化能力,也比以往任何时候更加希望看到他们在国际舞台上有更好的表现、参与国际组织的活动、关心世界各地发生的事情。在这个关系日益紧密的世界里,中国必定要走向世界才能真正实现国家强盛和民族振兴。在这样的时代需求背景下,所有高校都应该讲授有关国际事务的知识,例如语言、文化、历史,还有当今的国际关系问题、民族问题、地区问题、反恐问题、经济问题、法律问题、信息产业的发展等。根据学校的情况,有些学校可以提供较多的选修课程,有些学校少一些,但是至少应该有一门课程,其目的不仅是让学生学习到有关国际问题的知识,有利于毕业后的发展,更重要的是培养学生的一种视野、一种胸怀,感受中国走向世界的脚步。"道不远人,人之为道而远人,不可以为道。"[38]国际化能力是一种价值观,以包容的心态对待其他国家的文化和风俗,学习吸取各种文明成果,主动参与和推动经济全球化进程。这是可持续竞争力的重要内涵,体现了未来一代人才更为宽广的视野与更为重大的责任。

"当今之世,舍我其谁也。"[39]我们的学生应该具有以天下事为己任,格物致知,造福全人类的气概。只要我们的学生关注这个世界,这个世界的未来就属于我们的学生。

可持续竞争力的 5 个关键要素:计算思维、系统能力、核心课程、产学合作、国际化能力,构成了可持续竞争力的基因,在此基础上可以组成各种具体的、面向不同领域和人才需求的培养方案。我们认为,在可持续竞争力的培养中,这些内容反映了新时代人才的基本素质和能力基础,因此是实施新的教学改革必须关注的,缺少其中任何一部分,都不能形成合格的可持续竞争力。当然,相对于教学体系设计和培养方案制定,本章讨论的内容只是一些原则,更为具体的教学内容需要根据学校的办学定位和专业领域培养目标来制定,这些方面我们将在以后各章进行讨论。特别需要指出的是,这些新的人才培养目标和理念,必然会对传统教学带来颠覆性的变革,从而产生新的教育教学形态。学生在大学里通过个人的价值观与社会需求之间的不断调适,并且最终服从于公共利益,呈现更加广阔的人生追求和事业目标。

参考文献

[1] 荀子.荀子[M].方勇,李波,译注.北京:中华书局,2011.

[2] 搜狐教育・智见.Coursera CEO Rick Levin:在线教育好老师养成法[EB/OL].2017-1-22.http://www.sohu.com/a/124807268_484992.

［3］王志强.德国高等教育改革及新变化［J］.世界教育信息,2015(18).

［4］ Boyer Commission on Educating Undergraduates in the Research University (BCOEU).Reinventing undergraduate education:a blueprint for America's research universities［R］.Stoney Brook,NY,1998.

［5］Gov.UK.Check if a university or college is officially recognised［EB/OL］.2017. https://www.gov.uk/check-a-university-is-officially-recognised/overview.

［6］李未.全面提高计算机学科高等教育质量:"互联网+"带来的机遇和挑战 中国科学院信息学部主任李未院士专访［J］.计算机教育,2016(1).

［7］徐晓飞,丁效华.面向可持续竞争力的新工科人才培养模式改革探索［J］.中 国大学教学,2017(6).

［8］人民网."大学通识教育联盟"在上海成立［EB/OL］.2015-11-17.http:// edu.people.com.cn/n/2015/1117/c1006-27822523.html.

［9］徐志伟,孙晓明.计算机科学导论［M］.北京:清华大学出版社,2018.

［10］Seymour Papert.An exploration in the space of mathematics educations［J］.International Journal of Computers for Mathematical Learning,1996,1,95-123.

［11］中国计算机科学与技术学科教程 2002 研究组.中国计算机科学与技术学 科教程(2002)［M］.北京:清华大学出版社,2002.

［12］WING J M.Computational thinking［J］.Communications of the ACM,2006,49(3).

［13］National Science Foundation.Cyber-Enabled Discovery and Innovation(CDI) ［EB/OL］.https://www.nsf.gov/pubs/2010/nsf10506/nsf10506.htm.

［14］ National Science Foundation. Computing Education for the 21st Century (CE21)［EB/OL］.https://www.nsf.gov/pubs/2012/nsf12527/nsf12527.htm.

［15］何钦铭.计算机基础教学的核心任务是计算思维能力的培养:九校联盟 (C9)计算机基础教学发展战略联合声明解读［J］.中国大学教 学,2010(9).

［16］中国科学院信息领域战略研究组.中国至 2050 年信息科技发展路线图.北

京:科学出版社,2009.

[17] 孙家广.计算机科学的变革[J].中国计算机学会通讯,2009,5(2).

[18] 陈国良,董荣胜.计算思维与大学计算机基础教育[J].中国大学教学,2011(1).

[19] COOPER B, HODGES A. The once and future Turing:computing the world [M].Cambridge University Press,2016.

[20] 李廉.以计算思维培养为导向 深化大学计算机课程改革[J].中国大学教学,2013(4).

[21] 李晓明,蒋宗礼,王志英,等.积极研究和推进计算思维能力的培养[J].计算机教育,2012(5).

[22] 李廉.计算思维:概念与挑战[J].中国大学教学,2012(1).

[23] 马殿富.计算机类专业人才系统能力培养[R].第二届高等学校计算机类专业人才培养高峰论坛.杭州,2013.

[24] 王志英.计算机系统能力培养现状与发展[R].第三届全国高校计算机系统能力培养高峰论坛.天津,2016.

[25] Henry Rosovsky.Harvard report on the core curriculum[M]// Wilson Smith,Thomas Bender.American higher education transformed 1940—2005.The Johns Hopkins University Press,2008:172-175.

[26] 陈骏.融合国际经验,建设通识教育和个性化培养相结合的本科教学模式[C]//教育部中外大学校长论坛组委会.中外大学校长论坛文集.第四辑.北京:外语教学与研究出版社,2010.

[27] 清华大学招生网.http://join-tsinghua.edu.cn/publish/bzw/7627/.

[28] 朱振岳,周炜.浙大构建"一横多纵"本科教育体系[N].中国教育报,2008-8-19(2).

[29] 教育部高等学校大学计算机课程教学指导委员会.大学计算机基础课程教学基本要求[M].北京:高等教育出版社,2016.

〔30〕李薇薇.2016 全国产学合作协同育人项目对接会在京举行〔N〕.中国教育报,2016-5-28(3).

〔31〕中国高校计算机教育 MOOC 联盟.http://computer.icourses.cn.

〔32〕卡尔·巴斯.校企合作与创新教育〔C〕//教育部中外大学校长论坛组委会.中外大学校长论坛文集.第四辑.北京:外语教学与研究出版社,2010.

〔33〕搜狐 IT.对话克瑞格·蒙迪:未来将是一个自然的用户界面〔EB/OL〕.2009-4-23.http://it.sohu.com/20090423/n263582567.shtml.

〔34〕中兴通讯.中兴通讯与比利时 Telenet 签署 5G 及 IoT 战略伙伴协议〔EB/OL〕.2017-6-5.http://www.zte.com.cn/china/about/press-center/news/20180600001/201807140803/201706hl/4.

〔35〕OECD.Global competency for an inclusive world〔EB/OL〕.http://www.oecd.org/education/Global-competency-for-an-inclusive-world.pdf.

〔36〕赵沁平.走出高水平特色型大学发展新路〔J〕.中国高等教育,2008(z1).

〔37〕鹫田清一.让学生具有国际化视野〔N〕.深圳特区报,2011-8-13.

〔38〕朱熹.论语 大学 中庸〔M〕.上海:上海古籍出版社,1987.

〔39〕孟子.孟子.方勇,译.北京:中华书局,2010.

第三章　面向可持续竞争力的敏捷教学体系

> 本科教育，不应该是"不探讨轮船的航向，而直接探讨如何安排船上的座椅"。
>
> 斯坦福大学《本科教育报告》(2012)

> 学者有四失，教者必知之。人之学者也，或失则多，或失则寡，或失则易，或失则止。教也者，长善而救其失者也。
>
> 《礼记》

可持续竞争力是在未来社会剧烈变化中能够快速适应和从容应对的适应能力、创新能力和行动能力。可持续竞争力的培养是一个长期的过程，其中大学教育是可持续竞争力培养的关键时期。大学教学体系如何才能更好地支持可持续竞争力的培养？其关键是建立敏捷教学体系。敏捷教学体系强调真正的以学生为中心，因材施教，强调培养目标的多元性、教学体系的灵活性、教学过程的敏捷化与教学资源的协同性，并有充分发展的教育信息化作为良好的支撑保障。

3.1　敏捷教学及其教学体系设计原则

3.1.1　教学体系与敏捷教学

教学体系是由课程体系和教学过程、活动、评价等构成的系统，其核心是课程体系。课程体系是指在一定教育理念指导下，通过若干课程或课程要素的组合以实现培养目标的系统，是实现培养目标的载体。

可持续竞争力人才培养是全体高校的共同使命，不同类别的高校可以培养不同层次和类别的可持续竞争力人才。有学者将计算机人才分类为I型人才、T型人才和Π型人才。I型人才指专业技术型人才，强化"专"，在专业技术方面有较高素养；T型人才指复合型人才，在"专"的基础上，强化"通"的培养，除具有一定的专业技术素养外，还有商务与管理等方面的综合素养；Π型人才指跨行业和学科交叉型人才，具有学科交叉与深宽兼备的知识和能力等。

不同层次、不同类型的高校有不同的计算机人才培养目标。例如，计算机专业的核心研究对象是"典型计算系统"，围绕这类系统的不同抽象度和复杂度，从应用到设计与评价等不同侧面，可以定位不同学校、不同类别人才的培养目标。

为更好地设计课程体系，人才培养目标应细化为具体的能力目标，并在此基础上确定毕业要求，进而将毕业要求落实到每一门课程中。课程体系中的核心课程应支撑这些毕业要求，并使其可度量、可考核。

当前的教学体系存在着一些共性问题。例如,课程体系僵化,课程设置多年不变或传统内容"搬"来"搬"去,使得新知识融入课程体系的速度滞后;课程教学组织过于死板和线性化,课程先修与后修的要求使学生的学业负担与培养周期降不下来;没有真正体现以学生为中心,仍旧是面向学科、面向知识领域培养人才,而不是面向学生的能力需求培养人才,等等。

当今社会,新技术、新模式、新业态不断涌现,呼唤能够适应快速变化的新人才。针对工业化社会人才培养需求建立起来的现有高校教学体系,以大规模标准化的专业教育为特征,难以适应未来可持续竞争力人才培养的需求。随着信息技术(特别是人工智能技术)在教育中的广泛应用,尤其是慕课的出现以及教学过程信息化,使"以学生为中心"和"大规模个性化教育"成为可能,也使得敏捷教学成为可能。

敏捷教学在教学目标、课程体系、教学过程、教学支持等方面均体现出与传统教学形态的不同,主要有:

① 教学目标多元性。回归"因材施教"教育理念,充分挖掘学生发展的内在驱动力,在专业教育目标的基础上发展学生的个人志趣和能力,并以逐步迭代演进方式确立和实现多元化的教学目标。

② 课程体系灵活性。课程体系由刚性的课程组合转变为柔性的课程组合,具有支持迭代式培养的可动态调整的"错杂结构"的课程体系,为不同学生提供灵活的课程方案,培养个性化人才。

③ 教学过程迭代性。配合柔性课程体系的实施,教学过程应可动态重组、快速迭代,能够借鉴软件开发"并行工程"思想,适应个性

化人才迭代式培养的需求。借力慕课,改革教学方法,不同课程采取与之相适应的教学方法,不仅关注教师的"教",更加关注学生的"学"。

④ 教学资源协同性。培养个性化人才,需要整合更多的社会化教学资源。通过分层次、开放的在线课程群,可以实现多校教师间的协同、产学合作协同,实现大规模、差异化、个性化教学。

敏捷教学以培养对象的"目标进化"为核心,灵活响应社会需求和个人志趣变化,采用迭代增强和循序渐进的方法进行教学。在敏捷教学中,总体培养目标分解为若干教学环节,通过各教学环节的"错杂架构"和"精准协同",以科学的基于教育大数据的"量化评估"为依据,通过教师和学生的反馈交互,不断优化教学内容,实现培养目标。

3.1.2 敏捷化教学体系设计原则

敏捷教学是面向大规模个性化人才培养的教学形态,它的真正实现还有赖于教学过程的信息化和智能化,以及教学体系的不断改革和完善。这个过程同样也是不断演进和迭代的。我们可在教学体系设计中遵循以下原则,以逐步推进教学体系的敏捷化。

1. 进化性原则

从人才培养目标角度看,当前课程体系存在的一个普遍问题是,学校定位、人才培养目标与课程体系之间的关系(即什么样的课程体系能够实现相应的人才培养目标)研究不够充分,而仅仅是围绕核心课程的简单组合,或者是照搬本校的原有模式,亦或是在他校课程体系基础上的局部性修补。另一个问题是,简单地按照知识领域增减课程,而没有从跨知识领域整合优化的角度设计课程。例如,过去我们一讲要重视什么,就是开什么课:要提高人文修养,就开人文课;要重视管理能力,就开经管课;要创新创业,就开创新创业课。各高校学时一般都有上限,重视什么就开什么课,往往会削减其他课程的课时。

学校定位与人才培养目标设定是教学体系设计的第一步,是核心课程体系设计的主要依据。人才培养目标应充分考虑学生个体的差异,考虑学生接受教育不同阶段的变化,在学生一开始不知道学习目标时,可以制定一个简略目标,通过迭代和重组的反馈过程,使学生逐步清晰自己的潜在优势和个人志趣,确立自己的精准目标,并完成相应的学业。因此,敏捷化教学体系设计应该是在深入理解未来人才需求的特征、学生个人志趣与学校培养目标深度结合下的顶层性与整体性的优化设计,允许学生培养由简略目标向精准目标进化。

2. 灵活性原则

从以学生为中心的视角审视当前的课程体系,普遍存在着如下问题:一是从学科角度而非学生角度设计课程。所有学生学习相同的必修课而无论其兴趣在哪里,过多的必修课使学生的选择余地很少(只可选择被认为是不太重要的专业任选课)。二是课程数目多,挤占了学生自主思考与自主学习时间。国内学校设置的课程数目比国外学校多是普遍现象,国外高校每学期设置的课程数一般在4门左右,而国内高校设置的课程数多在8门左右,甚至更多。三是课堂讲授学时多,而课外自主学习学时少,教师始终认为"教师不讲,学生就不会去学习,就学不明白",这种被动听课学时多、主动学习学时少的方式,学习效果未必好。

以学生为中心,包括以学生发展为中心、以学生学习为中心和以学生学习成效为中心三个方面的含义。以学生发展为中心,需要尊重学生的发展意愿;以学生学习为中心,强调教学体系设计思路要从"我要教给和我能教给学生什么知识"转变为"学生需要什么知识";以学生学习成效为中心,需要理解"教了不等于学了,学了不等于学会",要从提高学习效果的角度看待教学体系设计。

灵活性原则强调从一元化的课程选择到多元化课程选择,使学生对课程有更多的选择权,要注意学生的学习负荷与能力训练质量。在有限学时内,不仅关注"如何教",更要关注"如何学"。灵活性原则还要强调教学过程的灵活性,从刚性的课程体系转变为可动态调整的柔性的课程体系,从固定学制的教学过程转变为弹性学制的教学过程等。

3. 迭代性原则

以往的教学体系通常强调基础的重要性,设置了若干长学时的课程,从不同层面为学生打好基础。例如,"集合论与图论"课程从数学上讲解了集合,又讲解了树、图等;而"数据结构与算法"课程从数据组织的角度,讲解了线性表结构、树结构,又讲解了图结构。这存在两个问题,一是在这些长学时课程学习完成后,仍旧不理解专业究竟是做什么的,什么时候使用这些知识,致使基础课程学习期间出现怠惰,直到工作时方知"书到用时方恨少"。二是长学时课程存在先修后修关系,一些课程要求先修课程修完后才能修读,当学生发现其学习目标有偏差时,再想"转舵",已消耗许多时间,致使学习周期延长。

学生接触一个专业，有一个从陌生、了解到熟悉，再到深入的过程，因之教学体系设计也应遵循这样的认知规律。初级阶段强调对本专业研究对象的简略但完整的认知，以使学生明确专业使命，有目的的学习；中级阶段强调围绕研究对象的各种基础的学习和训练；高级阶段强调专业核心知识和能力的深入学习和训练。一些学校开展的"先实践（做一个小项目）—再学习（基础理论）—再实践（做一个完整的较大的项目）"等是很好的迭代式培养的实践案例。"往复式学习、迭代式深化、渐进式增能"是敏捷教学体系设计应遵循的一个原则。

工程教育认证的核心思想是 OBE，以学生为中心，建构"产出导向"的人才培养体系和持续改进的质量文化，强调教育的三个闭环：课程本身的闭环、整个课程体系的闭环、培养目标及其实现的闭环；强调三个持续改进：课程的持续改进、课程体系的持续改进和培养目标与培养方式的持续改进[1]。与 OBE 思想类似，敏捷教学体系强调目标的演进、过程的迭代，并且这种演进和迭代应是建立在量化评估的基础上。学习成果是什么？课程体系如何支撑学习成果？课程教学如何实现学习成果？课程评价如何证明学习成果？评价结果如何推进课程持续改进？等等。关于这些问题的思考，有助于课程体系设计的合理性和科学性，有助于课程教学内容的选择与优化，有助于教师正确理解课程并采用正确的方法实施课程。随着教育信息化与慕课的发展，基于课程大数据分析的科学评价方法，例如基于学习过程数据分析的评估方法，将会越来越多地应用于教学评价中，使精准化人才培养成为可能。

4. 协同性原则

可以说当前是知识膨胀的时代，知识产生和传播的速度越来越快；同时，以学科融合为特征的新业态、新需求出现的速度似乎快于人才培养的速度，快于课程知识更新的速度。这要求新课程体系既要有内容覆盖的广度和深度，还要能够跟得上科学、技术和产业发展的步伐。目前大学教育被诟病的一个问题是该深不深、该新不新。例如，不同课程间的内容重复，尤其是低水平介绍性内容的重复；多概论，少技术，更少思维与理论，深度不够；新知识引入不及时不充分，关注知识覆盖重于关注思维和能力培养等。另一个问题是比较强调课程之间的衔接约束，一门课程要等待其先修课程修完后才能开始学习，这严重制约了课程体系的更新与新课程的引入。

如何在知识快速膨胀背景下，在有限的大学学习学时内，有所取有所不取，有所为有所不为，达到人才培养广度和深度的平衡？这需要建立从基于学科知识为中心转为基于能力培养为中心的教育理念。基于学科知识设计课程，会使课程门数越来越多、课程知识越来越多，相对就会减少学生的思考时间、练习时间、实验时间，"学而不思则罔"，从而影响学生的学习质量。基于能力设计课程，可有效解决究竟开设哪些课程、讲授哪些知识以及怎么讲授的问题，从而控制必须要学生学习的课程的数量，同时通过教学方法改革提升教学质量。及时更新教学内容和建设交叉融合型课程是解决以上问题的一种方法。

借助于校校之间、校企之间的在线课程资源共建共享，可以实现多校教学资源协同、多学科教师教学协同、产学合作教学协同，可以帮助解决课程交叉和内容更新问题。同时,也可以利用在线课程资源,将课程之间的先修关系转变为课程单元之间的先修关系,形成课程之间的"错杂结构",通过课程单元串行但课程并行的教学协同,解决有限学时内的深度和广度平衡问题。

3.2 课程体系设计敏捷化

3.2.1 课程体系设计现状与趋势

建立科学的核心课程体系,可以借鉴国际上先进的课程体系研究成果。1968 年,美国计算机学会(Association for Computing Machinery,ACM)发布了计算机课程报告。20 世纪 80 年代末,ACM 与国际电气与电子工程师协会(Institute of Electrical and Electronics Engineers,IEEE)联合发布了具有广泛影响的计算教程 1991(Computing Curricula 1991,CC1991),以后约每 10 年审核一次,并不断推出新版本。可以发现,每一个新版本在传承的基础上,在课程体系规划思想方面都会有些变化。CC1991 提出了按知识领域/知识单元设计课程的思路[2],明确了必须覆盖的知识单元和课程,这似乎是当前计算机类专业课程体系按知识领域划分与设计的源头思想。但随之发展便发现知识越来越多、课程越来越多,难以在有限时间内实施。为解决此问题,CC2001 提出了课程的灵活性设计原则[3],如将课程划分为导论性课程、中级课程与高级课程,持续深入地对学生能力进行培养,不同层次的课程可采取不同的设计策略。CC2005 提出了按细分专业刻画知识体系和设计课程体系,给出了计算类各专业的二维知识结构框架[4]。专业细分的优势是专项能力得到强化,缺点是与计算机学科和更多学科交叉融合的大趋势似有不符。因此,CS2013 提出课程体系设计需遵循三个原则[5]:跨多学科工作的灵活性、适应大范围的就业职位、能够适应快速变化领域内的就业,提出了"核心课程+专业方向(track)课程+跨学科课程"的课程体系设计思路,从关注学科的课程体系设计演变为关注能力的课程体系设计,已为越来越多的高校借鉴和应用。

国内高水平大学的计算机专业课程体系也经历了传承与发展。从早期引进国外教材并追踪国际名校的课程体系,到逐渐建立起具有特色的基于硬件、软件和计算机数学三条主线的核心课程体系,发展到今天形成以系统能力培养为目标并能够体现各自学校优势的特色化课程体系。例如,北京航空航天大学以计算机系统整机设计为目标,以 MIPS 指令集为基础,引导学生设计一台功能计算机、一套操作系统和一套编译系统的课程体系[6]。浙江大学以"设计一台功能计算机、实现一个操作系统、编译运行一段应用程序"为目标,构建先导课程群激发兴趣、专业课程群软硬件贯通、综合课程群工程化实践的软硬件课程贯通、分级分层次的系统能力培养课程体系。哈尔滨工业大学以计算机专业导论(一年级 2 学分,计算思维训练)+计算机系统(二年级 5 学分,理解并阅读机器)+ 系统设计与实现课(三四年级系列课程 12 学分,设计和实现机器)的三重迭代式系统能力培养课程体系[7]。

可以看出,课程体系规划思想的变化主要都是应对:

① 如何解决知识膨胀而学时有限的问题。

② 既要使学生专业学习有一定深度,又要使其有较宽广的就业

基础,还要保证学生兴趣选择的自由度。

从可持续竞争力培养角度看,高校课程体系不仅需要提供满足学生个性化发展需求的课程体系,还需要有相应配套的灵活选课机制。在这方面,许多高水平大学提供了更为灵活的选课机制。例如,清华大学强调通识教育、宽口径、跨学科,实施分课组必修和选修课程,课组内提供多门课程供学生选择;南京大学的三三制模式,在第三个阶段有学术深造、跨学科发展和就业创业三个方向类课程的选择等。而地方高校的计算机专业课程体系也经历了跟踪与特色发展的阶段。从早期追踪国内知名高校的课程体系,到逐渐建立以服务地方经济发展为目标的特色课程体系,再到研究型、工程型和应用型"分专业分类培养"课程体系以及"产学合作培养"课程体系等。

3.2.2　课程模块的分类与设计

在高等教育重视人才培养交叉融合的趋势下,课程体系逐渐向通识教育与专业教育相结合的方向发展,并为学生提供更多的选课自由。学生的课程学习需求大致可以分为所有学生的需求、大类专业学生的需求、细分专业(方向)学生的需求和学生的个性化需求。通常可分解为以下课程模块类。

1. 通识教育类课程模块

通识教育类课程模块是所有学生应必修一定学分的通识教育课程,加强人文精神和家国情怀的教育,培养人文素养、科学与工程思维,强化推动人类社会发展的责任意识和行动力的教育。典型课程有思想政治类课程、经史文哲艺类课程、数学与自然科学类课程等。在人文素养培养方面,目前多数学校是通过开设纯人文社科类课程来实现,但一种较好的做法是将专业课程与人文社科类课程融合形成交叉课程。尤其是在人工智能高度发达的未来社会中,如何避免人工智能技术的滥用,如何避免先进技术的应用产生危害社会及弱势群体的产品,这些都是未来高校教育,特别是"双一流"建设大学教育需要注意的。这也是工程教育认证的要求,即能够理解、分析和评价复杂工程问题解决方案对社会、健康、安全、法律、文化的影响及应承担的责任。这种"影响和责任"则是对人文素养的培养要求。

2. 专业基础类课程模块

专业基础类课程模块是大类专业学生均应必修的课程,强调专业基础能力的厚度培养,为细分专业(方向)教育奠定坚实的基础。概括来讲,计算机大类专业的基础能力应包括计算机数学能力、数据结构与算法能力、机器结构与(硬件)系统能力、软件结构与(软件)系统能力等。大类专业基础教育应围绕这 4 方面基础能力的厚度训练设置课程。典型课程有计算机专业导论,数据结构与算法,计算机系统(或计算机组成原理、操作系统),软件构造(面向对象程序设计、软件工程),计算机数学(或者集合论与图论、数理逻辑、形式语言与自动机等)。

对于专业基础类课程,要注意以下两点:

① 要重视一年级专业导论课的建设。面对许多零基础的学生讲授计算机学科领域的基本知识和方法,学生可能一点感觉都没有,这是一个很大的挑战。如果导论课能够帮助学生听明白问题,

使他终身去理解和追寻这个问题,这就是一个成功的导论课。切记不要将一年级的导论课变成"压缩饼干",即为了压缩学时但又不想放弃一些知识领域,将很多知识领域以压缩的方式而不是以凝练的方式提供给学生,这样做效果是不好的。

② 上好程序设计类课程。程序设计类课程如果按语法要素组织课程内容并进行教学,效果并不是很好。这类课程应培养学生程序设计能力以及对计算环境和系统的理解,既要特别重视数据结构和算法设计能力的训练,也要重视渗透计算机结构及硬件系统方面的内容,未来软硬件贯通的人才将具有竞争力。加强编程实践是提升这类课程教学质量的重要方法,不仅要加强编程量,更需要加强编写大程序的能力训练。

3. 专业技术类课程模块

专业技术类课程模块对选择该专业(方向)的学生是必修而对其他学生则是选修的课程。前述专业基础类课程模块强调专业基础能力的厚度培养,这里的专业技术类课程模块则强调专业核心能力(特别是系统能力)的深度培养,需要及时吸纳最新技术,可以与先进企业共同设计课程。典型课程有计算机网络、数据库系统、编译系统、机器学习或人工智能,以及不同方向的系列课程,如计算机科学方向的随机计算、随机算法,计算机工程方向的计算机系统结构、操作系统设计与实现,人工智能方向的自然语言处理、视听觉信息处理等。各学校可依据自身特色设立若干方向。

目前,国内许多高校在专业技术类课程模块实施方面与"专业核心能力的深度培养"目标是有差距的,主要体现为:或者强调了此类课程的基础性而弱化了其深度性,专业核心能力培养不到位;或者将此类课程作为专业任选课,既降低了课程的重要性,又弱化了核心能力的训练要求。一种解决方案是分多个方向设置系列课程,强化专业核心能力的深度培养。例如,哈尔滨工业大学划分了十余个专业方向,每个专业方向设置了三门相关的大学分系列课程,以能够设计和实现某一类型的计算系统为目标,结合课程学习与项目实践,实现专业核心能力的深度培养。另一种解决方案是分能力类别设置专业课程群,每一课程群包含同类别的多门课程,学生从每一课程群中选择 1—2 门课程,要求覆盖所有能力类别。例如,卡内基·梅隆大学将能力类别分为算法与复杂性类、应用类、软件系统类、逻辑与语言类、计算机科学类等,要求学生必修这 5 类课程,而每一类中提供了多门课程由学生选择[8]。

4. 跨学科拓展类课程模块

跨学科拓展类课程模块给出一批任选课程,体现学生个性化培养,强调专业知识的"新"和"广",也强调自主选修一些其他专业的基础/核心课程,以拓宽计算机大类专业学生的知识面,更好地适应跨学科的工作。例如,可以学习一些商务类课程,提高自己对营销、金融、成本方面的认识,有利于其未来从事综合管理方面的工作;可以学习机械、电力电子、建筑等相关课程,有利于其未来从事行业应用软件的设计与开发工作;可以学习经济学、社会学等相关课程,有利于其未来利用计算技术研究社会经济问题等。跨学科拓展类课程是促进学科交叉与融合的一类重要课程,也有利于推进目前国家倡导的新工科建设。

内在驱动力和个人发展潜能的挖掘是培养可持续竞争力的重要内容。个性化教学课程模块为这些潜能的挖掘和发挥提供了广阔的空间。另外,可持续竞争力是全球视野下的竞争力、积极参与和处理国际事务的能力;是基于国际的竞争力,而不是区域内部的竞争力。因此,跨学科拓展类课程模块也需要考虑学生国际视野、国际交往能力和国际竞争能力的培养。

5. 实践类模块

实践类模块既可以与前述的各模块结合起来实现,亦可以独立开设相关类的课程。课程教学不仅仅是课堂教学或理论教学,而是包括课堂学习与实践学习在内的完整的学习过程。建议大类专业基础课程模块配置更多的实验单元,专业技术类课程模块则实施项目训练,而跨学科拓展类课程模块可结合创新创业实践来完成。建议设置一定的工业实践课程,由学校和企业协同完成,以实现产教结合、校企合作、协同育人。要重视实践教学,并占有一定的学分比例。

不同类课程模块为学生不同侧面的能力培养提供了机会。学生的学习并不是按类顺序推进,而是根据学习和认识特点,不断迭代、提升。学校应通过灵活的课程体系设计以及选课要求的设计将这些模块整合在一起,实现专业教育与通识教育的有机结合,既体现专业目标培养的原则性又体现个性化发展的灵活性,既满足专业培养要求又满足学生的个性化发展需求。

3.2.3　灵活性课程体系设计方法

课程体系是教学体系的关键内容,课程体系的设计应体现敏捷教学的思路。

1. 迭代式能力培养

专业能力培养包括计算思维能力和系统能力,并不是一两门课程就能够解决的,需要从人才培养的整个过程来考虑来解决。

目前出现的两阶段能力培养模式是一种解决方案。将大学教育分成两个阶段:低年级(一二年级)阶段和高年级(三四年级)阶段。低年级强调基础的厚度,强调以数学思维训练、编程与抽象应用训练为主,强化机器结构、数据结构与算法、软件结构的理解,强调计算思维能力的培养,为高年级的学习奠定基础。高年级强调专业的深度,以专业知识的系统化深度化学习为主,强调典型计算系统的设计、构造和评估能力的训练,强调项目实践以达成系统能力培养目标,同时通过一些选修课的学习扩展视野。

进一步细化,也可形成三阶段迭代式能力培养模式。按照认知规律,围绕计算系统,从认识计算系统的本质(一年级课程为第一阶段迭代),到理解计算系统的各种要素(二年级课程为第二阶段迭代),再到设计、构造计算系统(三四年级课程为第三阶段迭代),迭代式培养计算思维与系统能力。每一轮都针对计算系统这个完整对象进行迭代,一二年级围绕计算机基础系统进行迭代;三四年级依据学生兴趣选择,围绕不同类别的计算系统进行迭代。

2. 跨学科和知识领域重构核心课程

实施敏捷教学,应对传统核心课程进行重构,不能只是用泛泛介绍性的"概论"课来应对,需要面对各种新出现的技术和应用,跨学科和知识领域,结合能力迭代培养需求进行课程重构。所谓"课程重构"是指围绕专业人才培养目标,以新思维、新方法和新手段,对课程内容进行优化选择,对教学方法进行优化设计,进而使课程展现出更宽广的视野、更深邃的内涵以及更有特色的内容,并更易于为学生学习和理解,激发学生学习的活力和动力。例如,将目前围绕"计算系统"横向某一层面展开的广度覆盖类课程,转变为围绕"计算系统"纵向各层面展开的深度覆盖类课程,即跨知识领域纵向整合,是重构核心课程的重要途径。

传统课程通常是基于学科或者说基于知识划分的知识型课程,以知识传授为核心。由知识型课程向能力型课程转变应该是未来一段时间课程建设的重点。目前,很多高校也开展了跨知识领域整合课程的实践。例如,南京大学以问题求解能力培养为目标的课程整合与创新,将计算机导论、离散数学、程序设计、数据结构、算法设计与分析实施纵向整合[9];以北京航空航天大学、浙江大学、北京大学、上海交通大学为代表的,以系统能力培养为目标的课程整合与创新,将汇编语言、计算机组成原理、操作系统、编译系统等实施纵向整合[10]。

学科交叉融合带动了新兴技术和新兴产业的发展,人工智能、云计算、大数据、物联网等在传统工科专业升级改造和新兴专业发展中扮演重要角色。计算机专业应在交叉融合的课程建设方面主动作为,与相关学科一起设计一些学科交叉型课程,如人工智能与社会科学、金融、智能制造的交叉课程,培养面向未来新兴产业和新经济需要,实践能力强、创新能力强、具备国际竞争力的高素质复合型新工科人才。

一些高校需要解决"形似而神不似"的问题。虽然课程(名)趋同,但课程内涵不同,无论是深度还是广度相比高水平高校都有所降低,看似更重视新兴技术,但并未探究其背后深层的原理。有些高校追求"宽口径"与"复合型"人才培养,但并未强化素质与能力培养,以及与行业的结合,而仅仅是追求什么都会一点的"万金油"。有些高校的课程仅仅是概念与术语的堆积,单纯以概念讲概念和以概念讲原理,忽略了场景的理解以及在场景中提出概念和运用概念进行分析的训练。这些现象是需要克服的。有些高校出现一些现象,如将思维培养等同于理论培养,将技能培训等同于能力培养,将具体企业的产品使用而非凝练出的技术内容作为课程,进而使得本科高职化,这是应注意避免的。有许多高校的课程体系规划仅仅是传统课程的罗列,是做课程组合,而非课程整合,依据不同专业需求,仅仅是对课程做简单取舍而非内容层面的优化,也是需要注意的。

3. 课程教学与项目实践的有机结合

能力培养不仅仅是理论课程的学习,更重要的是项目实践。课程有课程目标,项目实践有实践目标,应提出明确的能力目标,避免课程目标与实践目标的不一致或异化。因此,课程体系应关注课堂学习与项目学习的有机结合,即"课程学习+项目学习"的思想。这包括两个方面:

① 在课程教学方面,应更多地采取探究式、研讨式等教学方式,如基于活动的学习、基于问题的学习、基于项目的学习,以及基于案例的学习等,这些学习方式各学校都有很好的经验,可以借鉴。

② 与课程平行,应设立更多的项目学习类课程。例如,一年级开设"大一年度实践项目",通过撰写项目建议书,构思项目并提出项目解决方案,训练学生的创新能力;二年级开设"基于项目的课

程"，强化课程学习的理论/原理与产业应用的技术/工具的融合，训练学生工具运用能力以及系统原型的分析、设计与实现能力；三年级开设"实习实训"或者"创新创业计划"类课程，如安排学生到先进企业实习，这些先进企业具有前沿的技术应用和丰富的开发经验，其中一些企业还具有自己开发的优秀教学资源，能够提供学生良好的训练，并提供良好的就业资历（包括去其他企业）；四年级有毕业设计，亦属强项目实践的活动。

另外，学校应鼓励学生参与各种类型的科技竞赛，既可以让学生有完成竞赛项目的成就感，又可以使学生提前体验进入社会的竞争压力。但需注意，参与竞赛也应适度，不能因为竞赛而影响核心课程的学习。

4. 为学生个性化发展创造机会

课程体系设计，除了关注知识传授与专业能力培养外，还应关注为学生个性化发展创造机会，创造各种发展的环境。机会创造与课程学习同样重要。目前出现的一些案例有：

① 为学生创造国内他校校际交流或国际短期交流机会（一个月以内），使学生增加校际交流与国际交流经验。

② 为学生创造国内他校短期访学或国际短期访学机会（三个月或半年内），使学生增加跨校学习经验，提前接触其可能在毕业后深造的环境，有助于其人生规划的正确选择。

③ 为学生创造企业实训的机会（一个月内），使学生了解企业的产品生产环境、运作流程和管理制度，为学生将来的就业奠定适应环境的基础。

④ 为学生创造工业实践的机会（半年至一年），使学生熟悉企

业的产品开发环境与技术,了解所开发的产品及其关键特性;同时,使学生提前与就业单位进行双向接触,为学生正确选择就业单位奠定基础。

⑤ 为学生创造参加国际/国内会议的机会,使学生增加国际/国内学术交流的经验。

在学生主修一个专业的过程中,要为每一个学生创造辅修(副修)的机会,既要通过主修专业强化能力培养的深度,又能通过辅修专业拓展学生的知识面,适应大范围就业能力培养的要求。目前,很多学校都设立了主修、辅修与双学位等制度。由于辅修与双学位的学分要求较高,目前仅有极少数人选择辅修与双学位。随着课程改革的推进,一些学校也开展了使所有人都能实现一个主修加一个辅修的制度,即在课程体系的设计中充分考虑到学生的需求,为每一个学生留出辅修的时间和空间。例如,哈尔滨工业大学实施"三重迭代式"培养:主修、辅修共享第一二重迭代(一二年级课程),而分别进行具有相同能力培养要求的第三重迭代(三四年级 1 组 12 学分的系列课程),主修、辅修要求相同。也有学校实施的是主修、辅修不同要求的方案,主修要求深度(类似于前述的系列课程),而辅修要求广度即知识面的拓展(多门选修课,但不构成系列)。随着在线开放课程资源的丰富,基于在线课程的"微专业"也将成为学生扩展跨专业知识和交叉学科知识的方便途径。

3.3 教学过程敏捷化

实施柔性课程体系,教学过程需要能够动态重组并具有规模可变能力,在有限周期内,协同有限的教学资源,培养可持续竞争力人才。

3.3.1 教学过程的敏捷性

敏捷教学的一个核心是教学过程的灵活性和敏捷性,以满足个性化学习的需要,主要包括以下几方面问题:

① 学制问题。能否为勤奋、优秀的学生创造缩短大学学习时间的机会。

② 专业(方向)选择问题。能否为想要拓宽专业面的学生创造更多专业(方向)选择与学习的机会。

③ 学年课程限制问题。能否实现跨年级修读课程,突破课程之间的先修限制。

学生自定节奏的学习与弹性学制。 随着国内外高校逐渐呈现由批量化人才培养向个性化人才培养转变,传统的固定学年制向弹性学年制与开放学年制转变成为发展趋势,即规定一个年限范围(如3—6年)完成规定课程的学习并获得满足要求的学分将准予毕业。这种弹性学年制对教学管理的水平要求较高,同时对学校的后勤保障等基础设施也有较高要求,实施难度较大,教育管理部门要适应这种新形势。

由学年学分制向完全学分制转变。 学分制的优点是以学分代替学年,需要教学计划有较大的时间弹性和选课弹性,以选课代替排课,允许学生根据自己的能力和兴趣安排个人的修习计划,甚至随时改变专业。目前实施的多是学年学分制,是指大学各专业既规定修业年限而又实行学分制,既规定学分总数又规定每一学期的学分数。而向完全学分制转变是一种趋势,完全学分制是只要学生修满规定的学分即可毕业,不考虑其修业年限。大学传统上强调基础性,课程之间有先修后修关系,但过于苛刻的衔接要求可能使得学习时间过长,也不适合于个性化的人才培养要求。特别是在有大量慕课资源的情况下,学生完全可以利用通过学习这些慕课掌握的基础实现课程学习的"跳转"。在线教育强调的知识碎片化是有借鉴意义的,可使课程级的先后修关系,转为课程单元级(或微课程级)的先后修关系,从而使得先后修课程的串行学习转为先后修课程单元串行而课程却是并行学习,有效缩短教育周期。这种通过迭代式教育既缩短教学周期,又能完备基础的方式是可以探索的。

教学过程重组与优化。学生自定节奏的学习、课程教学的并行性以及个性化教育,都需要教学(管理)过程能够重组与优化,这对现有教学资源组织与教学管理都是一种挑战。例如,面对学生课程选择的多样化以及学生人数的动态变化,教学系统能否及时做出反应并保证教育质量、实现教学能力的柔性扩展,便是一种挑战。这一切需要全面量化的质量管理和精准的教学协同来实现教学过程的动态重组与优化。

重视过程考核与学习效果评估。如何实现大批量个性化的敏捷教学,低成本高质量的评估是一个关键要素。精准评估学生的专业水平,包括知识、能力和素养,既是教育研究者需要研究的问题,也是课程体系设计者与教学活动实践者需要解决的问题。评估学生专业水平的一个重要基础是(微)课程考核。(微)课程考核是保证教学质量、有效落实课程改革成果的重要抓手。为贯彻以学生为中心的理念、增强学生学习的自主性,课程应加强对学习过程的考核,从"结果"考核逐步向"过程"考核倾斜,使学生认真对待学习中的每个过程,真正深入地掌握知识、提升学习质量。通过阶段化、多样化的课程考核改革,使学生注重学习过程和多方面能力的培养,有效避免"期末考定终身"的情况,使评价体系更科学、合理和公正。哈佛大学有一门课程"CS50",有 700 名学生选修,近 60 名助教,很多助教就是修过该课的本科生。这是他们能够做到每周评估、10 分钟内响应学生问题的关键因素。

实施教学过程敏捷化是有前提和条件的,不能因为追求敏捷而造成混乱。首先,应有非常强的信息系统支撑。由整齐划一的课程安排,到学生自主选择的个性化课程安排,不仅增加了教学管理的工作量,也增加了排课、选课、学分认定等环节的难度。这既需要信息系统具有灵活性,放开诸多选课限制,例如跨学科选课限制、跨年级选课限制、跨本硕选课限制等,同时又要有学生自主学习支援系统,给予学生选课的指导和咨询,以免在大量的课程面前不知所措。其次,教学体系相关人员(教师与教学管理者)的观念需更新,需要深刻理解敏捷性的本质,适应敏捷教学:课程体系要适应,教学组织要适应,教学过程要适应,教学信息系统要适应,教学相关人员要适应。

3.3.2 教学方法的适应性

如何使教学达成培养目标?这不仅仅是课程体系设计的问题,同时还需要考虑课程如何教与如何学。目前,一种普遍的现象是,学校设置了不同类别的课程并且规定了学时,而教师在实施过程中仍旧采用相同的教学方式,即"师讲生听"(教师课堂讲课、布置课后作业,学生课后练习、期末考核)的方式予以实现。这种统一的实现方式能否达成课程目标尚需探讨,但也从另一侧面反映出课程定位不清晰和课程产出不明确的问题。

同一门课程中也可以开展分层次培养,即依据学习程度和深度给出不同等级的分数或学分。这种分级可由学生选择,也可在课程开始前确定学习深度,亦可在结束阶段确定学习深度。学生在开始阶段有可能无法确定其能否高标准地完成该课程,而在学习过程中依据学习情况来选择不同的标准结课。例如,课程基本内容的学习(60分)、进一步完成习题课练习(80分)、再进一步完成深度教程自学(100分)等,实现同一门课程的分层次教学,不同的分数折算成不同的绩点。

同一门课程不再是传统的大班授课或中/小班授课,而很可能是大班授课与小班辅导/研讨相结合。大班授课可充分发挥名师的作用,但可能参与性或互动性受限;小班授课可充分吸引学生注意力,提高效果,但可能因高水平教师缺乏、未能允许学生自由选择而引起教育公平性问题。"大班授课+小班辅导/研讨"可以有效解决上述问题,但也可能使得课堂教学学时更为紧张。随着慕课的出现,可望解决课堂教学学时不足的问题。

不同定位的课程应实施不同的教学方法。3.2.2节给出了从学生需求和知识结构角度的课程分类模块。这里从能力结构角度,将课程划分为通识思维类课程(通识教育类课程模块的部分课程)、基础能力训练类课程(通识教育类课程模块和专业基础类课程模块中的重要课程)、核心能力训练类课程(专业技术类课程模块中的重要课程)、知识覆盖类课程(专业基础类和专业技术类课程模块中的一般课程)、视野拓展类课程(跨学科拓展类课程模块中的部分课程)和自主探究类课程(跨学科拓展类课程模块中的部分课程)。不同定位的课程,着力点不一样,教学方法也不一样。

① 通识思维类课程。这类课程的目标是强调意识的建立和思维的培养,通常在大学低年级开设,如专业导论课、新生研讨课等。此类课程重点使学生掌握方法论并具有思辨能力,强调"有想法",因此组合使用"教师讲授""文献阅读""思辨性小论文""辩论/研讨"等教学方法对实现教学目标是有意义的。例如,哈佛大学有一门 2 学分课程"Internet:Governance and Power",目标是使学生理解专业技术与社会、公共政策、安全、社会治理等方面的关系。该课程设置了 8 次研讨课,每次研讨课指定阅读内容(每次 10~20 篇文献),撰写思辨型文章(不是综述,需提出不同的观点,延展思考每次 2~3 页),并组织研讨与辩论。课程以思辨型文章评价(占 80 分)和课堂研讨质量(占 20 分)进行评价与考核。

② 基础能力训练类课程。这类课程的目标是强调基础能力的理解和训练,通常在大学低年级开设,如一些大类专业基础课程。此类课程重点使学生深入理解专业的核心思维,掌握并运用专业的基础能力,强调"对已有技术/原理的理解,有想法且能够做出来"。因此,组合使用"大班教师讲授""小班辅导/研讨""习题课/实验课"等教学方法对实现教学目标是有意义的。教师在讲授后,通过小班复述与辅导关注学生是否正确理解了所讲授内容,通过习题课检验学生是否能够运用基础能力,并通过一些验证型、设计型实验

来检查或提升学生对课程内容理解的正确度。

③ 核心能力训练类课程。这类课程的目标是强调专业核心能力的训练,通常在大学高年级开设,如一些专业技术类课程。此类课程重点使学生掌握并运用专业核心能力,强调用已有技术/原理去设计和实现新系统。核心能力一定不是教师讲授完就能建立的,是需要学生通过不断地思索、实践与创新来实现的,因此组合使用"大班教师讲授""项目实践""项目研讨/辩论"等教学方法对实现教学目标是有意义的。在教师讲授后,通过项目实践来达到对课程内容的深入理解以及核心能力的不断提升。项目实践要求学生亲自动手设计方案、开发实现、设计实验、论证评估、撰写各种报告并进行项目交流与研讨。项目实践并不是传统的实验,是带有创新性的工程实践环节。

④ 知识覆盖类课程。这类课程的目标是覆盖一些必要的知识,补充一些必要的能力训练,通常在大学高年级开设,如一些专业限选课。此类课程的重点是知识的传授、方法的理解,因此组合使用"大班教师讲授""实验课"等教学方法对实现教学目标是有意义的。相比能力训练类课程,这类课程带给学生的负担要轻一些。

⑤ 视野拓展类课程。这类课程的目标是拓展学生的知识面,了解学科的新进展等,通常在大学高年级开设,如一些专业任选课。这类课程组合使用"大班教师讲授""文献研讨"等教学方法对实现教学目标是有意义的。

⑥ 自主探究类课程。这类课程的目标是强化学生自主学习和研究能力的培养,通常在大学高年级开设,如一些创新研修课。课程重点是接触最新的研究方向,强化自我学习、终身学习以及表达

与交流能力的训练。这类课程组合使用"自我研究""口头/写作交流"等教学方法对实现教学目标是有意义的。

3.4　教学资源的协同化

敏捷教学是以学生为中心的教学,单一学科的教师、单一专业的学院甚至单一的大学,可能都难于应对这种教学形态。需要组建多学科的教学团队、跨专业的教学中心,多校协同和产学协同教学,将多校资源和产业资源进行整合,形成"虚拟教学中心"。协同多方资源是实现敏捷教学的一种途径。

正确认识慕课。慕课的出现,改变了学生的学习方式,也将改变众多教师的教育观念。目前,有很多教师对慕课及其作用还没有正确的认识。例如,将慕课和实体课堂教学对立起来的观点是不正确的,慕课不会让优秀教师失去讲台,但会促进普通教师改变教学观念、提升课程教学质量;认为"有了慕课,就可以不需要教师"的想法也是不正确的,优秀的慕课可以替代教师的"满堂灌",但无法替代教师与学生面对面的课堂教学。此外,认为"慕课只是面向社会学员的课程,对大学教育没有什么作用"的想法同样是不正确的。慕课可以解决一些传统课堂无法解决的一些矛盾,如可以实现课程知识快速更新,可以促进教师从关注"教"向关注学生"学"的转变,通过"翻转课堂"改变教学方法,为跨学科和跨专业学习提供便捷途径等。

大规模教学与分层次差异化教学:1+M+N 模式。国外的慕课建设与应用可被认为是一种"1+*N* 模式",即建设并开放 1 门慕课,聚集不同地域不同层次的 N 多学员在慕课中形成一个虚拟大课堂，不受时空约束地共同学习，这也是一种面向社会学员学习的模式，有效解决了有限教学资源下实施大规模教学的问题。中国的慕课走出了与国外不同的道路，它很好地将慕课与大学的教育教学结合在一起。在中国高校计算机教育 MOOC 联盟（以下简称"CMOOC 联盟"）推动下，众多高校实施了一类"1+M+N"的慕课建设与应用模式[11]，其中"1"是指 1 门慕课，"M"是指 M 所学校或 M 个小规模限制性在线课程（Small Private Online Course，SPOC），"N"是指 N 个实体课程班或 N 多组学生。一门高水平慕课，托起多所学校的多门 SPOC，每门 SPOC 又支撑多个课堂教学班多位任课教师。在这种模式下，慕课实现了大规模教学，解决了课程创新与课程内容更新问题；而 SPOC 实现了分层次差异化教学，解决了优质资源面向不同基础不同层次学生的本地化教学问题。这种基于慕课和 SPOC 的分层次课程群，有效地建立了学生"自学—互学—群学"、教师"引导—指导—督导"的新型教学环境，有力地促进了大学教学改革，同时也促进了一师带多校、多校带多群协同发展，可有效解决高等教育发展的不平衡问题。

构建学生为本的教学新模式：自主学习与翻转课堂。传统的实体课堂教学通常被认为是"满堂灌/填鸭式"教学，即"教师讲学生听"。这种形式的教学注重教师"传道与授业"，不仅是知识的传授，更多的是教师在对课程内容深度理解后所凝练的知识脉络与思维方法的传授，教学效果的好坏取决于教师的教学水平。随着互联网技术的发展，知识获取不再仅仅来自于教师，可从网络很方便地获得知识。大学教育逐渐从关注教师的"教"向关注学生的"学"转变，以学生学习效果为中心开展大学教学逐渐成为共识。提升学生学习成效的关键是学生的"主动"学习,由此出现了"翻转课堂"的概念。翻转课堂是指实体课堂由传统的"教师讲学生听"式课堂向以调动学生主动学习为目的的多种形式的课堂转变,如"学生讲学生评""辩论研讨""以练代讲""边讲边练""案例与研讨"等,主要目的是增加师生互动,强化学生的主动思考与主动学习。但也需要注意,翻转课堂不仅仅是教学形式的变化,而是通过教学形式变化切实提高教学质量。

翻转课堂需要小班化,以使互动尽可能覆盖到更多学生,在大班转小班教学,尤其是大规模的大班课程转为小班翻转教学的过程中,需要协调好学生负荷与教师工作量之间的关系。例如,一门课程面向全校所有专业开设,大班教学(4个自然班)需要20~30位教师,而如果实施翻转并保证效果则需要约4倍的师资。在翻转的过程中还要考虑学习效果的评价问题、翻转形式与教学效果的关系问题等。这些问题需要广大教师和教育研究者在实践中不断探索。在CMOOC联盟推动下,哈尔滨工业大学等高校的众多教师实施了"在线课程+翻转课堂"教学改革实践,探索了十余种翻转课堂教学方法,如"亮功夫、找金子、矛碰盾、解疑惑"等生讲生评式翻转课堂方法,以及"大班教学(面向后80%学生)+小班辅导/研讨(面向前20%学生)"的分层次教学方法等。

敏捷教学不是凭空想象的,它既是根植于我国已有教学改革实践凝练出的一种新模式,也是面向未来计算机教育挑战着力推出的一种新理念,而且与斯坦福大学、哈佛大学等世界一流大学本科教学颠覆性改革的核心思想和顶层架构有诸多异曲同工之处,无疑值得我们去关注和探索。当然,它也只是计算机教育变革的一种尝试,还需要进一步完善和验证,更需要各高校结合自身的发展目标和相关基础,从不同层面开展形式多样的教育教学探索和实践,以期获得令人向往的硕果。从来没有一个成功的改革经验是通过整齐划一的方案实现的,结合实际的变通和创新,才能够实现改革的目标。多样化和特色是过去国内办学的成功经验,现在是,今后仍然是。

参考文献

[1] SPADY W G.Outcome-based education:critical issues and answers[R].Arlington:American Association of School Administrators,1994.

[2] TUCKER A B,AIKEN R M,BARKER K,et al.Computing curricula 1991[R]. Communications of the ACM,1991,34(1).

[3] IEEE-CS/ACM The Joint Task Force on Computing Curricula.Computing curricula 2001 computer science[EB/OL].http://dl.acm.org/citation.cfm? id=384275.

[4] SHACKELFORD R,MCGETTRICK A,SLOAN R,et al.Computing curricula 2005:the overview report[R].ACM SIGCSE Bulletin,2006,38(1).

[5] IEEE-CS/ACM The Joint Task Force.Computer science curricula 2013 (CS2013)[EB/OL].http://ai.stanford.edu/users/sahami/CS2013/.

[6] 高小鹏.计算机专业系统能力培养的技术途径[J].中国大学教学,2014(8).

[7] 哈尔滨工业大学计算机科学与技术学院.2016版计算机类/软件工程专业本科生培养方案[EB/OL]. http://cs.hit.edu.cn/2018/0521/c8556a209216/page.htm.

［8］Carnegie Mellon University School of Computer Science.Undergraduate programs

［EB/OL］.https：//www.cs.cmu.edu/undergraduate-programs.

［9］陈道蓄,陶先平,钱柱中,等.计算机问题求解课程的内容建设［J］.计算机教育,2012(23).

［10］王志英,周兴社,袁春风,等.计算机专业学生系统能力培养和系统课程体系设置研究［J］.计算机教育,2013(9).

［11］战德臣,聂兰顺,张丽杰,等.大学计算机课程基于 MOOC+SPOCs 的教学改革实践［J］.中国大学教学,2015(8).

第四章 面向可持续竞争力的
　　　　　教育支撑

> 大学的使命是把普通学生教育成为有文化修养、具备优秀专业技能的人。
>
> 　　　　　　　　　　　奥尔特加·加塞特(西班牙)

> 师者，所以传道受业解惑也。
>
> 　　　　　　　　　　　　　　　　　　韩愈

现代大学建立数百年来，尽管随着时代的发展，社会对大学提出了不同的期许和责任，但其中亘古不变的是人才培养和知识传承，教学是大学最基本的任务。大学的使命是把普通学生教育成为有正确价值观、具备文化修养和优秀专业技能的人。

现代大学一般按照大学、学院/系进行组织。学院/系承担了以专业为核心的人才培养任务，而大学则为学院/系的人才培养活动提供支撑。从专业教育的角度看，大学支撑可以归纳为4个方面，一是提供专业教育必需的通识教育，包括科学、人文、社会等；二是办学所需要的基础资源和服务，如教室、实验室、宿舍等；三是一套行之有效的管理制度，尤其是对教学质量和人才培养质量的评估和反馈；第四也是最重要的支撑是教师队伍的建设和管理。那么，面向具备可持续竞争力人才的培养目标,尤其是敏捷教学的实施,大学应该为教学体系敏捷化提供哪些不一样的教育支撑? 相关的教育资源保障、教师队伍建设、教学质量保障体系应该如何更好地支持敏捷教学?

前面探讨了具备可持续竞争力人才的本质特征,提出了敏捷教学的概念和内涵,并分析了支持可持续竞争力人才培养的教学体系如何敏捷化。本章将围绕面向敏捷教学的大学管理、教学质量保障与可持续改进、教师的作用与发展等几方面主题,探讨高校如何支撑可持续竞争力人才的培养以及敏捷教学的实施。

4.1　面向敏捷教学的大学管理

为应对新时代对人才培养的挑战,大规模个性化人才培养将成为大学教育的基本形态。敏捷教学通过对传统教学的教学模式、课程体系、教学过程、教育生态等进行革新,构建人才培养的一种全新的途径,必然对大学的教学管理体系提出挑战。我们认为,这些挑战主要体现在以下几方面。

① 教学目标的多元性,人才的个性化培养与学校整体培养目标和定位的辩证统一。大学最主要的使命是人才培养,每所学校在特定时代下必然对人才培养的目标有其特定的要求。个性化的学生成长方案如何与学校对毕业生的基本要求相适应,是敏捷教学对大学教学管理的第一个挑战。

② 课程体系的灵活性和教学资源的协同性,必须要有灵活的教学管理和服务体系支撑,包括教学质量保障和评价、灵活的学制管

理等。当然,人工智能和大数据支持的教学过程评价和质量分析可为敏捷教学背景下的教学管理和服务提供重要的支撑,但是在灵活多变的课程体系中保障资源的协同,进而保持正常的教学秩序依然是敏捷教学对大学教学管理的第二个挑战。

③ 教学过程的迭代性,教学目标转变为以学生为中心的能力养成,迭代学习方式打破了传统教学模式中以课程教学为中心的教学方式。新形态下课程教学和多途径、迭代式的能力养成的融合,将是教学管理中面临的第三个挑战。

④ 敏捷教学形态下,学生能力的考察将取代对学生掌握知识程度的考察而成为教学评价的主要方式。如何全面、客观、准确地对学生能力进行量化考察,是教学管理中面临的第四个挑战。

应对这些重大挑战,高校的教学管理体系应提出应对措施:面向敏捷教学的特征和要求,加强教师队伍建设,促进教师更好地发挥在敏捷教学中的作用;确保教学资源合理有效调配,提高资源运行的灵活性和效率;创新教学管理流程,保障灵活个性化课程教学秩序;改革教学效果评价办法,确保人才培养质量等各个方面积极探索,形成支持敏捷教学的大学教学管理与服务体系。

4.1.1　支撑敏捷教学的教学管理体系

敏捷教学是一种全新的教学形态,支撑敏捷教学的教学管理体系还需要有先行者不断地探索和实践。斯坦福大学提出的《Stanford 2025》计划[1]可作为我们进行比较的一种教学形态。

应该说,《斯坦福 2025》计划也是一个想象中的教学模式。它由设计学院牵头,以教师和学生为主导,于 2013 年秋季自下而上开展,旨在充分发挥想象力,提出 2025 年的本科教学新形态。作为非官方的研究成果,《斯坦福 2025》计划对未来大学本科教学的教学形态展开了充分的想象,为适应未来的变化,提出了开环大学(open - loop university)、自定节奏的学习(paced education)、轴翻转(axis flip)、有使命的学习(purpose learning)4 项主要改革措施。

开环大学将传统闭环大学 4 年学制的固定模式,改变为一生当中的任何 6 年时间进行大学学习。放宽入学的年龄限制和在校学习的连续时间限制,对教学理念和教学管理上带来的冲击是巨大的。当然,学习时间的灵活性和学生的多样性也将带来传统闭环大学所没有的优势。

自定节奏的学习将改变传统的年级制度,将大学的学习划分为校准、提升和行动三个阶段。它将传统的以教师、课堂讲授为中心改变为以学生兴趣、学生自主学习和能力培养为中心,彻底改变学习的模式,打破传统大学本科教学的时空桎梏,实现对学生的个性化培养。

轴翻转的含义是将"先知识后能力"反转为"先能力后知识"。具体来说是强调将现有的学院/系教学体制改变为学习中心。随之而变的是对学生学习效果的评价方式,它能实时展现学生的学习状态和技能掌握的层级,结合个性化的培养方案,更为准确地反映学生的特点。

最后,有使命的学习的核心在于让学生将个人的人生价值融入专业学习中,提高学习的积极性和主动性,并通过自身能力的提升,承担和支撑服务社会的职业生涯。

从《斯坦福 2025》计划的 4 项主要改革措施看,其本质内涵和我们提出的敏捷教学有许多相似之处,也有许多可以互相借鉴的地方。它们所面临的一个共同质疑就是,需要什么样的管理体系才能够支撑这样的教学改革?

我们认为,支持敏捷教学的大学教学管理体系,应面向学生能力培养,以学生能力成长为中心,建立与统一的培养目标相适应的个性化培养计划,以知识传授带动能力养成;教学过程管理应围绕学生能力建设,提高教学资源配置的适应性和灵活性,满足个性化培养和快速迭代的教学形式的需求;教学评价要真正落实能力导向,建立多元化的能力评价指标体系,并将评价结果及时反馈到教学过程管理中,指导教师的教学实践和学生的学习。

支持敏捷教学的大学教学管理体系,应重视以下几个方面:

① 在培养计划设置方面,大学(学院/系)的培养目标应以毕业生的能力水平为着眼点,以培养目标为指导,为学生确定个性化的培养方案。培养目标是毕业生的最低能力水平的集合,是学生能否从大学毕业,获得相应学位的最低标准。学生根据培养目标,以及自身的兴趣、条件、时间安排,制订个人的培养方案,实现培养目标和培养方案的辩证统一。为实现个性化培养,应改变教师为中心的管理模式,实行本科生导师制,或者是本科生培养指导小组制。

② 在教学过程管理方面,改变以课程为基本单元的管理模式,形成以能力达成为单元的管理模式。知识传授成为能力培养的载体和抓手,为能力培养服务。增加微课程等以提高课程体系的灵活性,并建立灵活学制,实现教学过程的迭代和能力的螺旋式提高。提高教学过程管理的适应性和灵活性,支持个性化培养方案的实

施。在机构设置方面,除原有的院系机构外,可增设书院、能力中心等机构,建设学科交叉课程,并整合学校和社会、企业资源,打通学校和企业的双向流动渠道,通过真实接触社会,提升学生的使命感,增强学习的积极性和主动性,培养学生的综合能力。

③ 在教学资源建设方面,积极建设支持慕课、SPOC 等新型教学模式的互联网基础设施,以及支持小班上课研讨的小型多媒体教室、支持学生自主实验的创新实验室、支持学生各项交流活动的书院及体育活动设施;配以灵活的管理机制,提高各项资源的利用率和效率。

④ 在师资队伍建设和评价方面,由于敏捷教学对教师提出了更高的要求,重点体现在学科发展把握能力、建立良好师生关系能力以及教学组织能力上,因此,教师评价和激励方面要切实扭转"唯科研、唯论文"的现象,坚持教学科研并重,科研为人才培养服务的原则。加大人才培养成效在教师评价体系中的权重,建立预聘—长聘机制(tenure track),引导教师在人才培养方面持续投入,建立一支可持续的高水平教师队伍。建立以研究生为主体的助教队伍,充分发挥助教在教学中的引领、探索作用,提高个性化培养的能力。

⑤ 在教学评价方面,建立能力水平评价体系,充分利用现代信息化技术,采集教学过程大数据进行过程评价,设计阶段考核目标实现阶段评价,再通过大项目等手段进行综合评价,最终形成全面、系统、科学、准确的评价结果。过程评价、阶段评价和综合评价均可反馈给相应教学环节,以帮助各教学环节进行改善和提升。

当然,由于敏捷教学是一种全新的教学形态,支持敏捷教学的教学管理体系尚缺乏成功经验的探索。但我们相信,目前的许多教学实践已经为敏捷教学和教学管理提供了许多有益的尝试，一个科学、可行的大学教学管理体系一定会在我们的实践中创造出来。

4.1.2　支持敏捷教学的大学服务支撑

作为全新的教学形态，敏捷教学对教学管理体系提出了新的挑战。同时，我们也认识到，对于大学的管理和服务体系，也需要进行较大的改革创新，才能更好地服务于敏捷教学。这些改革和创新，核心就是要建立一种精准协同的服务体系。

当前的大学管理体制沿袭了较多的行政管理理念，部门内部有比较完善和流畅的管理制度和职责，相对来说管理质量和效率会有保障。但是，部门之间由于条条框框的限制，容易各行其是，协调困难。这种服务支撑体系对大规模统一化的培养方案尚可应付，但显然无法支持大规模个性化的敏捷教学新形态。

敏捷教学的个性化培养使学生对于服务的需求从目前的统一、静态、大批量转变为碎片化、动态化、随机化的需求，这种需求的改变，要求服务提供方提供协同、高效、精准的服务支撑体系，这个体系的基础必然是对学生需求的准确把握和预测。因此，适应敏捷教学的服务支撑体系应该是建立在信息化基础上、全方位、全时段、协同、高效、精准、智能的服务支撑体系。

可以大致从以下几个培养环节展望这种服务支撑体系的特点。

1. 基于综合素质评价的多元化招生录取服务

敏捷教学中大规模个性化培养方式取代了大规模标准化培养

方式,对学生的学习能力及学习潜力提出了新的要求。改革大学招生录取制度可能是我们首先需要解决的问题。

我国的高校招生制度以高考为基础和核心,学校通过高考成绩来衡量考生进一步学习的潜质,结合考生的志愿来进行录取工作。近年来,随着高校录取工作的进一步公开透明,高考成绩成为许多高校录取的唯一标准。这对于保障高考的社会公平性来说是有益的,但对于高校科学选拔人才来说,唯一的录取标准显然存在不足之处。

为弥补这一缺憾,教育部允许部分高校在招生录取中实行自主招生制度,即高校拿出部分招生计划,按照其培养目标和评价标准,以高考成绩为基础,自行提出录取评价指标体系,并向社会公示后形成招生章程,作为录取依据。自主招生的核心在于评价指标体系的设计,所选取的指标应能真实反映高校培养目标和学生潜质的一致性,并且可以在中学学习过程中客观采集。因此,把好招生入口关,高校和中学密切协同,是科学选拔的重要手段。

2. 基于大数据的学生能力评估服务

敏捷教学的一个重要特点是迭代式的教学过程,以及以学生能力为中心的教学评价。与以往的以学生知识点为中心的教学评价方式不同,学生能力的评价更为复杂和困难,尤其是敏捷教学中学生培养目标的个性化对能力的要求也呈现出个性化的特点,使得以往行之有效的集中式、阶段化、统一内容的评价方式无法适应。

解决的办法是改变评价模式,从集中评价改为针对学生个人的评价,从阶段化的评价方式改为过程化的评价,从统一的评价内容(统一的考卷)改为按照能力指标体系的多种测量方式。显然,这一切的改变,需要有先进的评价技术来支撑。

近年来,我国在人工智能促进智慧教育方面开展了广泛的研究,取得了许多成果[2]。这些研究在教育质量评价方面设计教育质量大数据的平台框架,研制基于物联网和云计算的精准数据采集方法,可全面、准确、客观地反映出教学情况,通过对教学大数据的分析,有效帮助学生及时分析学习情况,并进行精准帮扶。

这些实践表明,云计算、大数据和人工智能技术有效运用到敏捷教学的学生能力评估中,是一种可行的途径。需要解决的主要问题可能还在于校园网络基础设施的完善、跨部门的数据采集和融合,以及各部门之间的协同服务。

3. 满足弹性学制需求的学生组织和后勤管理服务

与国外大学相比,我国的大学管理体系中存在着两个比较明显的特点:一是行政班级以及依托行政班级的党团、学生会、学生社团建设;二是相对大而全的后勤服务,包括住宿、餐饮、医院等。在当前的以学年制为基本运行机制的情况下,该管理体系运转正常,行之有效。

班级作为最基层的学生行政组织,成为这套管理体系运行的关键依托。依托班级管理而划分的宿舍也时常成为更为细微的管理元素。显然,这种管理体系简化了管理的复杂性,提高了行政管理的效率,但是也减少了学生多元交流的便利。同时,庞大的后勤服务体系还仅仅停留在服务学生日常生活的层面,极少参与到学生的培养环节,造成了管理手段和数据的缺失。

然而,敏捷教学提倡大规模个性化培养,实施弹性学制和完全学分制,简单地按照学年分班的方式将无法实现;班级成员的培养计划、选修课程等许多方面也将不再是整齐划一,如何进行班级管理将成为需要解决的问题。

从 21 世纪初开始,一些大学对研究生实行按研究方向不同年级纵向编班的机制。纵向编班机制带来的好处是研究生共同的研究方向成为联系班级同学的纽带,促进班级建设。而管理上,不同的学生处于不同的学习阶段,面临的压力和诉求不一致,班级的管理复杂度增加。

还有一些学校在本科生中实行书院制,作为学生通识教育的重要载体。书院制依托学生住宿区域建设,每个书院有一个明确的主题,依托主题开展一系列的活动,学生自主选择书院参加;学生社团活动依托书院开展。

包括书院制在内的围绕住宿区域的属地管理模式,将会是学生管理模式的重要探索。在这种模式下,要求后勤服务部门有灵活的宿舍安排方案,同时需要学校有机制能更好地吸引专业学院、广大教师和相关部门共同参与学生综合素质的培养和学生管理。教育信息化是支持多方融合参与学生培养和管理的重要手段。随着信息化技术的开展,后勤服务部门所产生的服务数据将为学生管理和成长提供具体细致的信息。比如,通过采集学生的日常就餐信息,再结合其家庭背景,学校的管理部门可以了解学生的经济状况,决定是否应为部分学生提供一定的经济资助;学生就餐不正常的行为也可以为管理者提供预警,为其是否应进行干预提供决策基础。再如,通过采集学生出入宿舍的数据,可以进行学生生活规律性的分析,并有针对性地开展相应的体育活动等。基于统计学的学生网络流量监控数据可以进行相关的网络行为分析,并有针对性地开展一些引导工作。

纵向编班和书院制都为适应敏捷教学的班级管理改革提供了方向。敏捷教学形态下,班级作为最基层的学生组织,依然要发挥作用。因此,班级成员还是需要有共同的兴趣、爱好、研究方向、培养目标等作为联系的纽带,管理者将面临比现在班级管理更多的复杂性和成长诉求。而这些则需要有其他部门,包括院系、教务以及其他行政部门的更多的数据来支持,甚至一些传统的服务部门也需要提供数据的支持。

总之,为建设面向敏捷教学的班级管理和后勤服务体系,管理部门和管理者要深入思考敏捷教学的特点和由此带来的管理上的问题;充分利用现代信息技术,转变观念,围绕学生能力培养,变管理为服务;通过日常学习、生活数据的采集和协同分析,准确了解学生成长过程中的焦虑和痛点;通过精准的服务,为学生提供适合他成长途径的有温度的引导和服务。

4.2 教学质量保障与可持续改进

大学的根本任务是培养人才,高教大计、本科为本,本科不牢、地动山摇。清华大学校长邱勇认为,一流大学和一流学科建设的关键在于培养一流的人才,本科教育是培养一流人才最重要的基础,也是最能体现学校传统和特色的地方。一流本科教育是一流大学的底色,没有本科教育水平的提升,就很难实现建设世界一流大学的目标。如何提高大学本科教学质量,建立保障教育教学质量的内在机制,是新时代下可持续竞争力人才培养的重要课题。

教学质量保障对于大学来说并不是一个新课题,传统的评价机制下,对于教学质量保障已经有了一个比较完整的指标体系,包括教学目标、课程体系、条件建设、师资队伍、教师评价、学籍管理制度等。教学质量保障体系主要体现在教学过程管理和质量评价上。应当说,这个机制对于大学教学质量的保障发挥了积极作用,促进了大学教学质量的提高。

自 1998 年大学扩招以来,我国的高等教育实现了规模上的突破,已经发展成为高等教育大国[3]。新时代下,正在由高等教育大国向高等教育强国迈进,传统的教学质量保障体系逐渐显露出其局限性。第一,教学目标不明确,许多高校将教学目标和培养目标相混淆,或者是盲目跟从和攀比,缺乏对本校教学目标的明确定位,各院系也缺乏对毕业生毕业要求可以测量的定义,而仅仅是口号式的宏观描述。第二,教学质量评价中主观因素多,客观指标少,这也是缺乏科学合理评价体系的体现。第三,少量定量评价指标往往集中在教学投入的衡量上,如经费、师生比、图书馆、实验室面积等,却缺乏对教学产出的质量评价。第四,教学评价注重以教师为中心,聚焦于教什么、如何教,而较少关注教学效果和学生如何学,对学生课内的专业知识考核比较重视,而忽视学生的软技能,如分析和解决问题的能力、沟通能力、表达能力等。

因此,为适应新时代大学教育人才培养的要求,培养具备可持续竞争力的专业人才,需要大学建立新型的教育质量保障体系。这个保证体系的主要特征应该是具有全面客观的培养目标和具体可衡量的毕业要求,以学生为中心、以学生获得的能力为主要评价对象,具备可持续改进的一个体系。

4.2.1　产出导向的质量保障与可持续改进

1981 年,Spady 等人提出了面向产出的教育(OBE)[4],其理念和方法很快被公认为是追求卓越教育的有效方法,受到世界各国著名大学的重视。OBE 和我们的敏捷教学有着许多内在联系,本节介绍 OBE 工程教育认证,说明质量保障与可持续改进体系的建设方法。

1. OBE 的内涵

由于《华盛顿协议》完全接受了 OBE 理念,并将其体现在工程教育认证标准中,推动了 OBE 理念的广泛认可和应用。中国于 2016 年 6 月成为《华盛顿协议》第 18 个正式成员,标志着中国工程教育的质量得到了国际社会的认可,工程教育及其质量保障迈出了重大的一步。

有别于传统的以教师和课程为中心的教育理念,OBE 强调“以学生为中心,以学习成果为导向,不断持续改进”,是一种以学生为本的教育哲学。它在实践上聚焦于如何使学生获得什么能力,一切教育活动、教育过程和课程设计都是围绕实现预期的学习成果(learning outcomes)而展开的[5]。

OBE 强调以学生为本,要求教学目标、教学资源配置、教学评价标准等均以学生学习成果为标杆,确定满足社会需求且符合学生实际情况、可客观评价的培养目标;教学过程中,各类教学资源的配置也以保障学生学习成果达成为导向;教学评价标准完全围绕学生的学习成果来设定。简而言之,就像工厂的效益必须以其向社会提供了多少满足社会需求的高质量产品来衡量一样,大学的价值必须以其向社会提供了多少满足社会需求的高质量人才来评价,而不能是本末倒置,通过其占用了多少社会资源、提供了多少课程来说明。

以学习成果为导向则是强调学以致用,不仅仅关注学生学了什么,更要关注学生学习后会做什么,变知识学习为能力提升。这正是可持续竞争力的体现,对学习成果的评价,不仅仅要测评学生毕业时是否达到要求,还要衡量学生毕业一段时间后所体现出的专业能力。

可持续改进则注重准确的评价和评价结果的反馈利用,以持续获得对教学的改进,主要包括面向产出的内部质量监控和毕业生跟踪反馈与社会评价。

与传统的教学理念相比,OBE 显然更适用于可持续竞争力的培养。首先,其着眼点在于学生的学习成果,而且成果不仅仅指学生对知识体系的掌握,更致力于提高学生的能力;其次,教学资源和评价均围绕学生能力的培养和提高,极大地提高了培养效率;再次,持续改进的策略为教学水平的提高提供了内生动力。

2. OBE 的关键要素

我国的工程教育认证全面推进 OBE 的观念在工科教育中的落实,同时也正积极将其推广到其他的门类。可以从工程教育认证的角度来解读大学实施 OBE 的关键要素,进而了解包括专业教育质量保证在内的可持续改进机制的建立[6]。

中国工程教育认证标准包括“学生”“培养目标”“毕业要求”“持续改进”“课程体系”“师资队伍”“支持条件”7 项指标。这个指标体系关注平时如何面向全体学生开展工作,保证获得毕业证的学生都达到毕业要求。因此,要求评估材料是描述平时具体如何做的,而不是"总结",更不是"拔高"。另外,反映的是全体学生,而不是特例,特别是不能将最优秀的学生作为代表。

① 学生。要求有得力的措施吸引优秀生源,强调对学生的全面指导(学习指导、职业规划、就业指导、心理辅导等),对学生的整个学习过程进行建档跟踪与评估,通过形成性评价保证学生达成毕业要求,按照 OBE 的思想认可转学和转专业学生的原有学分,保证他们毕业时达成毕业要求。

② 培养目标。培养目标应该是公开的、符合学校定位且适应社会经济发展需要的,要反映学生主要就业领域,社会竞争优势,层次、类型和主要服务面向等发展预期。特别是不能将培养目标只当成口号,要让教师、学生、社会知道,让教师和学生瞄准此目标努力。

③ 毕业要求。一是专业制定的毕业要求能够覆盖国家标准的要求;二是能有效支持培养目标的实现;三是要求毕业要求中所说的毕业生能力中的诸项是可衡量的,以便它们能够被有效地实现和准确地评价。

④ 持续改进。要求机制的完善和有效运行,具体包括面向产出的内部质量监控机制、毕业生跟踪反馈机制、社会评价机制,以及评价结果在改进中的应用;具体关注课程教学目标达成评价、毕业要求达成评价和培养目标实现状况分析相关的数据收集与使用。

⑤ 课程体系。总的要求是课程体系架构、基本教学目标能够满足要求,以有效支撑毕业要求的达成。具体包括基本教学定位以及数学与自然科学类课程、工程基础类课程、专业基础和专业类课程、人文社科类通识教育课程、实践教学的基本占比等。

⑥ 师资队伍。基本要求是完全面向学生专业能力培养的需要进行配置,包括教师队伍在数量和结构上满足要求,教师的能力要足以满足他所承担的教学工作的要求,教师应给学生全面的指导,在改进教学工作方面做出积极的努力。

⑦ 支持条件。除了基本的教学基础设施、信息资源、经费保障外,还要求学校能够提供良好的条件,足以支持教师的工作和发展需求,要提供实现专业培养目标所需的工程实践和创新活动设施,要有良好的教学管理和服务。

OBE 的理念得到了国际教育界的广泛赞同,也为不少工程教育认证标准所强调。但是,我们也必须认识到,OBE 强调的是培养目标和对教育教学结果的评价,而如何进行评价则留给了教育机构本身。当前,实施产出导向的教育还存在着许多需要解决的问题。例如,培养目标趋同,口号式、公式化的培养目标和定位是许多大学的特点;不够注重培养学生的能力,需要将教学的中心从教师教了什么转变为学生学到了什么;往往关注于专业能力,几乎忽视了对诸如沟通能力、表达能力、领导能力、自主学习能力等"可迁移能力"(又称"软技能")的培养;师资、教室、网络等教学支撑条件还无法满足产出导向教育的培养要求。

3. OBE 与敏捷教学

OBE 的理念得到了广泛的重视,也在许多国家得到了推广应用。在我国,也形成了一股研究 OBE、在大学中实施 OBE 教学理念的潮流。那么,OBE 和敏捷教学是什么关系呢?

我们认为,敏捷教学作为一种全新的教学形态,为 OBE 理念的实施提供了一种可行的途径,它是对 OBE 理念的深入和发展。敏捷教学继承了 OBE 中以学生为中心、以能力培养为方向的理念,通过对教学形态的改变,发展出迭代式教学方式,其基础就是对培养质量的持续监控和不断改进。

同时,敏捷教学所提倡的迭代式教学方式细化了学生能力点,简化了教学过程中的能力评价方法,低阶能力的掌握又成为后续高阶能力的基础,直到最后达到毕业的能力要求,成为一个阶段递进的闭环。

因此,面向敏捷教学的质量保证体系必然也是一个可适应迭代式教学的质量保证体系。它既可以对毕业生是否满足毕业要求进行评价,反馈毕业生的整体教学质量,也可以对每个学生培养过程中每个阶段所满足的能力进行评价和反馈,使学生及其导师小组及时调整教学进程,或者是调整个人的培养计划。

4.2.2 面向敏捷教学的质量保障体系建设

相比于 OBE 质量保障体系,敏捷教学对于质量保障体系提出了更高的要求。灵活迭代的教学形态需要针对每个教学环节进行能力评价和质量评估,以确保迭代教学的有序开展;灵活学制和完全学分制打破了传统的班级概念,对学生个体的学习成果测量的要求更为突出。而 OBE 质量保障体系相对比较注重毕业阶段的结果性评价,从指标体系和评价方法上都不太适合对学习过程中具体环节的学习效果进行评价。因此,敏捷教学的实施,需要建立一套能同时满足过程评价和结果评价的指标体系,还要设计出一个既能及时反馈具体教学环节质量的微观评估,又能最终反映整体教学质量的宏观反馈机制。

因此,适应敏捷教学的质量保障体系的建设,在指标体系方面可以考虑以下几个指标。

① 达标性指标。达标性指标主要是评估学生经过某个环节学习后(如单独的一门课程或是某个实践环节),或者是整个学习阶段结束后(比如,类似于《Stanford 2025》计划的提升阶段或是毕业时),应在能力方面达到的最基本的要求。达标性指标反映的是完成该环节/阶段后的学习成果,可以包括对该阶段知识体系的掌握程度、分析问题能力、设计和开发并解决问题的能力;还应该包括一些与专业无关的可迁移能力,如团队合作、关注环境影响的社会能力、终身学习能力等。达标性指标应全面、客观、准确地进行考核,并将评估结果及时反馈给当前的培养环节,以实现快速的问题定位,为及时改进提供依据。

② 过程性指标。过程性指标针对培养方案和培养过程的质量进行评价。包括个性化培养目标、课程体系设置和课程迭代关系、课程体系和能力体系的对应关系、质量评价反馈的效果等。

③ 培养主体指标。教学的主体是学生和教师,评价教育质量,离不开对学生素质和教师素养及投入的评价。其中,关于学生的评价指标有生源质量、基本科学技能、个性化培养目标与学生兴趣的匹配度等;教师的评价指标有教师数量、教师队伍结构、师生比、教师队伍持续改进措施、教师教学能力、与学生沟通情况、科学研究水平等。

④ 资源性指标。资源性指标用来评估基本教学资源的投入,包括常规的教学资源,如教室、实验室、图书馆、实验基地、体育场地等

基础设施;在敏捷教学的新形态下,还包括互联网、网络教学资源、教学质量管理系统等电子资源等。

建立好教学质量评估指标体系后,如何进行质量监控并对教学进行质量反馈,以达到持续改进的目的,是教学质量保障体系的另一个重要方面。敏捷教学新形态要求质量保障体系的"评估、反馈、改进"循环微型化,不但可以针对从学生入学到毕业整个培养过程,也可以针对其中的每个教学环节进行,作为教学过程敏捷化的基本保障。同时,要实现评估过程无缝嵌入教学过程中,也就是说,在教学环节自然设置评估点,并利用现代信息技术,自动、及时进行评估反馈,以利于教学过程的持续改进和教学内容的动态调整。

总之,面向敏捷教学的质量保障体系是敏捷教学新形态的重要组成部分,要利用现代信息技术、合理设置过程评价指标和总体评价指标,改变评估反馈机制,实现评估、反馈、改进的微循环,实现教学和评估的有机融合、相辅相成,更好地满足敏捷教学动态化和迭代化的要求。

4.3 教师的作用与发展

现代大学的使命包括人才培养、科学研究、社会服务和文化传承,教师是大学达成这些使命的重要条件。"传道、授业、解惑"是对教师作用的最简练归纳,"学为人师,行为世范"是社会对教师品行的理解和要求。高校教师是大学使命的践行者,是社会高层次人才的培育者。新时代下,教师如何发挥作用?大学又该如何激励教师投身到教书育人的实际工作中去?

4.3.1 教师在敏捷教学中的角色与作用

大学教师的角色与作用,随着大学的发展和大学使命的变化而不断演变。与现代大学使命相匹配,大学教师应该既是知识的传播者,又是高深学问的研究者。教师作为教育者,他们以自己的道德、知识、智慧、能力深刻影响与教育着学生,他们的劳动使社会文化发展和科学研究后继有人。为了成为一名好的大学教师,他们又必须是研究者、具有渊博知识和科学精神的学者[7]。

为了推动和适应敏捷教学的新形态,大学教师应该进一步处理好教学和科研的关系、师生关系,以更好地促进具备可持续竞争力人才的培养。

1. 教学与科研的关系

教师的最主要职责是人才培养,而教学是人才培养,尤其是本科人才培养的重要手段。因此,重视人才培养工作,将主要的精力投入本科教学工作中,是大学教师的必然要求。然而,实际情况中很多教师存在着"重科研、轻教学"的现象,一些学校还比较严重。处理好教学与科研的关系是高校教师职业生涯面临的一个重要问题。

教学与科研是大学使命的重要组成部分,也是每个教师承担的责任,显然应该是相辅相成,互相促进的关系。新时代下,面对培养具备可持续竞争力人才的新要求,大学教师自身首先要具备可持续竞争力,通过不断的科学研究,掌握本学科发展前沿,创新研究方法,总结学科发展规律,并将研究成果体现在教学过程中,提升教学水平,提高教学质量。

当然,大学应该为教师处理好教学与科研的关系创造条件。一方面,明确大学的人才培养定位,并据此进行资源配置;另一方面,在教师评价机制上,合理确定人才培养、知识创新、社会服务和文化传承的权重,并为不同岗位、不同职责,乃至不同的教师个人制定合理的考核目标。

2. 师生关系

教师在人才培养方面,需要处理好的第二个关系是师生关系。

我国教育对于师生关系的研究与实践拥有厚重的历史积累。孔子的《论语》、荀子的《劝学》和韩愈的《师说》等都是中国教育哲学的经典代表。步入 21 世纪,我国对于师生关系的重视进一步提升。《国家中长期教育改革和发展规划纲要(2010—2020 年)》(以下简称《纲要》)明确提出,要关心每个学生,为每个学生提供适合的教育。教师的角色不仅仅是提供普适性的教育,还要根据每个学生的个性提供适合其个性化的教育,可以说,敏捷教学是落实《纲要》的具体体现。敏捷教学的提出,促使教师在人才培养中的作用和角色得到进一步落实和加强。

我们也应该看到,21 世纪的校园文化的确正在经历着深刻的变化。互联网不仅改变了传统商业模式,重塑了人际关系,也改变了师生之间的传统关系模式。我们认为,新的教学形态下师生关系应具备以下特征:

① 敏捷教学形态下,教师是学生学业规划和生涯规划的重要指导者。在充分了解学生特点的基础上,教师和学生共同制定个性化的培养方案,并通过学术指导和自身的学术魅力,引领学生在学业

上的成功。在互联网环境下新型师生关系建立方面,美国的有关研究可以给我们提供一些有益的借鉴[8]。进入21世纪以来,面对社会对理工科人才的迫切需要,美国高等教育研究开始关注如何调整传统师生文化理念。沃特(Christina Vogt)的定量分析表明,师生关系距离会降低学生的自我效能、学术自信和平均成绩;相反,融合性师生关系对于自我效能会产生积极作用并极大地影响学生的努力度与思辨能力。教师要在课堂之外,对学生起到积极的引导作用。

② 敏捷教学形态下,师生应有更多的交流机会。首先,学校可以建立本科生导师制以帮助教师加深对学生的了解,更好地鼓励学生。清华大学、浙江大学在本科新生中试行新生导引制度和新生之友制度,指派有经验的教师和若干新生结对,通过各种形式,如午餐会、个别谈话、郊游、参观等进行交流,话题也是各种各样,以期帮助学生尽快适应大学生活。其次,学校可以开展本科生研究项目,提供立项资助或研究实习机会,由教师进行指导,一方面帮助学生体验科研活动,另一方面也使学生体会以所学报效社会的成就感。这些活动中,教师可以更为充分全面地了解学生,为学生提供个性化的指导和帮助。

③ 敏捷教学形态下,教师更要提高自身的素养。教师应具备的职业素养首先是性格气质,不仅要愿意与学生交流,还要对教学充满热情。教学最主要的目的不再是知识的传承,而更应该是激发学生的专业兴趣与探索学科奥秘的热情。其次,教师要严谨地对待各个教学环节,要学习与运用课堂管理和教学机制等方面的先进经验与成果;善于运用互联网工具,开展启发式教学、案例教学;采用慕课、翻转课堂等新的教学方法,使学生成为课堂的"主角",教师则成

为课堂的"导演",充分调度学生的积极性,提高课堂参与度。

中外高校的研究与实践均表明,互联网时代下高校师生关系是人才培养的重要因素之一,而且建立良好的师生关系的引领者是教师。因此,教师必须热爱生活和工作,这包括对学生发自内心地充满关爱,也包括对教学研究等看似非自身专业的各类成果怀有学习兴趣。随着时代的变化,教师不能再"一言堂",而是成为学生个人规划的帮助者、学业进步的合作者、人生道路上的指点者。

4.3.2　教师的发展环境

对于主管部门和高校来说,要为师生关系建设提供完善的保障体系。引导和激励教师投身于教书育人的事业,是大学管理者的首要任务,也是大学发展的重要条件。目前大学当中存在的"重科研、轻教学"现象,实际上根源在于大学的薪酬制度和激励机制上。一段时期以来,高校为了提高研究水平,提升社会声誉,对科研工作给予了高度重视,在教师工作考核中较大地提高了科研工作的权重,这对我国研究水平的提高起到了促进作用,一定程度上也是适应历史条件的恰当的选择。

随着国家经济实力的增强,对大学的投入逐年扩大,有条件来重新审视教师工作中教学和科研的比重关系,分析目前激励机制带来的不利影响。从管理心理学大师赫茨伯格提出的双因素理论来看,引起教师工作动机的因素主要有两个:一是激励因素(motivators),二是保健因素(hygiene factors)。激励因素比保健因素更能提高人们的满意感从而提高工作效率,但保健因素如果不足,则人们的不满意感会大大增加并降低工作动力。因此,为激励教师更好地投入教学工作,管理层应在现有的激励机制中增加保健因素。在这方面,新加坡和香港的做法可资借鉴,其高校教师评价和薪酬体系都更偏重保健因素,虽有级差但能保障整个教师群体都能得到较高的经济待遇,从而吸引人才并保障其安心进行教学科研。

当然,激励机制中的因素不仅仅是经济待遇,也可以是其他福利待遇。为培养具备可持续竞争力的人才,管理部门在改进教师考核评价机制的同时,还可以采取以下措施,进一步提高教师的教学水平。

① 鼓励教学研究。教学研究的目的是发现认知规律,创新教学方法,启迪学习兴趣等。大学应鼓励教师积极主动进行教学研究工作,通过教学研究激发教师的教学热情,提高教学水平,促进整体教学质量的提高。

② 激励教学成果。教学成果是教学研究的结晶,是经过实践检验的教学经验的总结。学校应给予教学成果的创造者以奖励,并积极推广应用教学成果,为教学成果的应用创造条件。

③ 提供教学培训。高校教师,尤其是专业课教师在进入教师岗位时,学校考察的主要还是其科研能力,对教学基本功缺乏必要的考察。目前,大学对教师上讲堂前缺乏必要的教学方法、教学理论的基本培训,应加强这方面的管理。

④ 提供学术休假。学术休假制度是国外大学普遍采用的制度,可促进教师的学术交流,也方便教师进行对企业的访问,更好地了解人才培养的需求。

建立良好的教师聘任制度对调动教师教书育人的积极性、促进教师合理流动、增强师资队伍活力、加强师资队伍建设具有非常重要的作用。近年来,许多高校特别是一些高水平大学,已经借鉴西方高校教师聘任的 tenure track 制度,探索预聘—长聘制度[9]。通过制度创新,面向高层次人才设立预聘和长聘岗位,在预聘期内对预聘对象提出较高的目标要求,形成任务压力,同时匹配具有竞争力的薪酬标准,在压力与激励并存的环境中鼓励他们在创造力高峰时期潜心致研。一般经过 6 年左右的预聘期考察,择优遴选一批高层次人才进行长聘,并给予稳定支持和激励保障,以稳定和凝聚优秀高层次人才。同时,对未通过预聘期考察的人才,促进其合理流动,实施层面涉及"非升即走"。

预聘—长聘制度"能上能下、能进能出",打破了全员终身聘任制,是大学选拔优秀教师的激励制度,也为优秀教师的学术自由和职业安全提供了制度保障。其作用如下:

① 通过预聘来"识才辨才""敬才用才",把有限的资源集中在最重要和最具创新性的研究方向上。

② 给予青年教师充分的时间和空间潜心研究,排除压力和干扰,激发创新活力和内在潜能,做出原创性的高水平成果。

③ 有利于高校实现分类管理,针对不同岗位制定不同的目标任务、薪酬待遇等,从而推进高校的科学定位和特色发展。

预聘—长聘制度的核心在于人才竞争,关键在于考核的科学性和公正性,评价体系和标准应有利于青年人才的可持续发展。为了避免年轻学者在考核的压力下,在其创造力高峰时期片面追求"短平快",即出现追求满足标准化业绩考核目的的"功利性"和急于发表研究项目成果的"突击性"等情况,影响其学术发展的方向和深

度。在设计评价体系时,需要做好以下工作:

① 教师的培养须经过从夯实研究基础的长期积淀、知识系统化到最终开花结果的合理过程,因此对教师专业发展的评价是一种长期的持续性评价,而预聘期考核是阶段的结论性评价。我们应探索阶段性考核与长期性发展相结合的评价体系,重视发展性评价。

② 应建立教师分类管理与多元化发展的评价标准、公正的考核程序以及以教师发展为导向的学术评价体系,促进学术管理重心下移,激励教师保持旺盛的学术创造力。

③ 处理好过渡期存量教师和引进人才的关系,尊重现有教师的历史贡献。发挥"教师发展中心"等组织的作用,促进合作交流,帮助教师发展。

4.3.3　基层学术组织建设

基层学术组织是学院(系)组织教学科研等学术活动的基本单位。现代化大学必须具有与其功能相匹配的基层学术组织,因为我们提出的所有目标和措施都要通过基层学术组织来落实和实施。因此基层组织建设是推进计算机教育未来发展和改革的重要环节之一,是大学教育支撑体系中重要的组成部分。

1. 教研室

20 世纪 50 年代起,中国的大学普遍设立了以教研室为基本单位的教学组织,院系开设的课程分配到不同的教研室,教研室内部通过学术自治的方式决定课程内容和开课模式。这种基层学术组织的形式使得大学在很短时间内建立了稳定的教学秩序,有力地保证了国家人才培养的需求。但是到了 20 世纪 80 年代以后,随着大学推进科技进步的作用日益突出,教学内容与科学技术的衔接日益紧密,传统的单纯以教学任务为主的教研室体制显得难以胜任,主要表现为:

① 教研室的教师承担着各自的科研项目,分属不同的科研团队,在教研室内部难以开展对科研与教学相互渗透的研讨,教学与科研脱节。

② 教研室组织的教学形式单一,学生在本科期间进入研究团队和研究室困难重重,基于项目的学习、基于问题的学习等有效培养模式难以落实,教学模式滞后。

③ 教研室以教学为主要任务,青年教师不能得到良好科研的训练,难以培养成为合格的大学教师,师资队伍建设代际衰减明显。

④ 一些教研室形成了某些课程专属一人的现象,教学内容陈旧,教材更新和课程改革阻力重重,往往因个别人的反对而无法实施,改革动力不足,办学缺乏活力。

教育部原部长周济曾经指出,长期以来,我国高等学校的教学科研基层组织普遍采用苏联的教研室模式。当前,这种基层学术组织形式的局限性日益显见,已经严重制约了人才培养质量和学术水平的提高。必须通过改革,调整大学内部的基层学术组织结构,形成有利于增强自主创新能力和高水平大学建设的新的基层学术组织结构,建立有利于创新人才培养质量和创新能力,人尽其才,才尽其用,人才辈出的运行机制。[10]

2. 研究所

从 20 世纪 80 年代开始,在高等教育内部管理体制改革的总体规划下,一些高校尝试改革原有的院(系)—教研室的基层学术组织模式,成立了以科研教学团队为基础的研究所或者研究中心,将原有的以教学为单一任务的教研室改造成为集教学、科研、教师培养为一体的新型基层组织,形成了院(系)—研究所(中心)新的组织架构,这种新的模式将科研与教学紧密结合,教学内容被置于最新科技发展的背景之下,很好地解决了以教学促科研,以科研带教学的相互关系,推动了教学改革的深化。这些新型的基层学术组织向本科生开放,吸收高年级本科生进入实验室和研究所开展研究性学习,创新了人才培养模式,大幅提高了人才培养质量,在面向社会变化和跨学科培养人才方面表现了很强的活力。一些教学型的高校尽管仍保留了教研室的名称,但是其内部结构也做了很大的调整,按照课程群或研究领域重新做了人员和任务安排。这些措施起到了很好的改革促进作用,也使得各项改革方案通过新型的基层学术组织得以落实。

由于各学校办学定位和人才培养目标的不同,基层学术组织的结构、任务和运行自然也有不同的模式。在面向未来的新一轮改革中关键的问题是,是否具有足够的活力适应新的改革形势、是否能够实现优质教育资源的汇聚、是否能够落实以学生发展为中心的个性化教学。简言之,是否有利于推进敏捷教学的实施,提升创新型人才的培养质量。

3. 面向敏捷教学的基层学术组织建设

尽管国内外一流高校的基层学术组织有着不同的形式,但具有以下共同的特点:

① 适应当前技术发展高度综合化的趋势,有利于打破传统的学

科壁垒,加强学科之间的交叉融合。

②适应当前新技术不断出现的趋势,可以根据新的领域和方向,灵活实现学术组织的分化与重组。

③适应教育功能不断扩大的趋势,可以根据办学需要,随时调整各基层学术组织的隶属关系和相互关系。

总体上看,在基层学术组织建设的改革中进展还很不平衡,一些高校已经在十几年前就完成了体制上的转化,但是还有一些高校仍停留在原有的体制上。在这里强调的是,基层学术组织建设是高校内部管理体制改革的重要组成部分,并不是改一个名字的问题,而是建设促进教学科研相融合,适应未来社会发展和人才培养需要的新型学术管理体制和运行模式。在这方面,各学校可以采取不同的形式,但是改革本身是必须的。对于一些高校,期待成立跨国的基层学术组织,在更加广阔的学术视野上培养具有更高水平的人才。

在面向可持续竞争力培养和敏捷教学建设过程中,必须充分发挥好学术基层学术组织的积极作用。根据以往的经验,一些学校提出了对于基层学术组织的"三个到位""五个落实","三个到位"分别是资源配置、人员归属和管理责任到位;"五个落实"分别是落实党建工作、学科建设、教学任务、科学研究与队伍建设[11]。这些内容将基层学术组织的责任与权力捆绑在一起,既充分发挥基层学术组织的能动性,又使得这种能动性在学校整体发展目标下形成向心力。其本质是学校管理重心的下移,真正实现以基层学术组织为基础的现代大学管理体制,将基层学术组织建设成最具改革活力、最具成果创新、最具优秀人才涌现的大学细胞。

除了校内基层学术组织对敏捷教学的支撑以外,学校可以根据实际需要与其他学校或企业进行合作,建设不设在校内的虚拟"能力培养中心",承担教学计划中某些能力点培养的任务,作为教学支撑条件的必要和有效补充。

敏捷教学对于教师及教师团队提出了更高的要求。由于教师与学生互动增加,教师的一言一行都会对学生产生潜移默化的影响,需要进一步加强师德师风的建设,教师将全方位地投入学生的成长管理过程。学生刚入学时,由于个人成长目标的不确定性,教师及团队需要通过各种途径,深入了解学生的个性、知识基础、能力特长,甚至是家庭背景、成长经历、性格爱好,以帮助学生在较短时间内确定个性化的培养方案,并制定与之相适应的培养计划,实施指导学生成长、提高学生能力的教育,同时依据学生学习中的各种数据,及时调整学生的培养计划。教师及教学团队需注重建设本专业或跨专业的"微课程""微学分"和"微学位",激发学生跨领域和跨学科的学习兴趣;在学生的实践阶段提供必要且及时的帮助和指导,为学生全面走向社会创造条件。

展望未来 15 年的计算机教育,我们相信,针对新时代可持续竞争力人才培养的需求,随着敏捷教学体系的探索和推进,高校内部的管理体制和支撑体系也会发生相应的变化。学习和借鉴是重要的,但是根据我国的实际国情,创新教学科研运行体制才是根本。

参考文献

[1] Stanford 2025[R/OL].http://www.stanford2025.com.

[2] 郑庆华.高校教育大数据的分析挖掘与利用[J].中国教育信息化,2016(7).

[3] 人民网.权威发布！最新版高等教育质量"国家报告"出炉[EB/OL].2017-

10-16.http://edu.people.com.cn/n1/2017/1016/c367001-29588440.html.

[4] Spady,William.Outcome-based education:critical isues and answers.Arlington

Virginia:American Association of School Administrators,1994.

[5] 李志义.解析工程教育专业认证的成果导向理念[J].中国高等教育,2014(9).

[6] 蒋宗礼.工程专业认证引导高校工程教育改革之路[J].工业和信息化教育,

2014(1).

[7] 周玲.大学理念与大学的发展和改革:兼论教师在高校中的地位与作用[J].

上海交通大学学报(社会科学版),2000(12).

[8] 刘琛.美国高校师生关系建设研究与实践案例分析[J].北京教育(高教),

2014(6).

[9] 刘之远,沈红.研究型大学长聘教职制度:争议、改革与借鉴[J].教育发展研

究,2017(12).

[10] 周济.创新是高水平大学建设的灵魂[J].中国高等教育,2006(z1).

[11] 李发伸.组建新型研究所 激活教学科研基层组织[J].中国高等教育,

2005(6).

第五章 面向可持续竞争力的开放教育生态

> 若是一个大学单从事于零星专门知识的传授，既乏学术研究的空气，又无科学方法的训练，则其学生之思想难收到融会贯通之效。
>
> 竺可桢

可持续竞争力人才培养不仅仅是专业知识和能力的培养，更需要综合素质和高尚人格的养成。高校通过形式多样的教学环节为学生提供知识、能力、素质的塑造空间，如课堂教学、实践教学、校外实践等。在人才成为核心竞争力的时代，人才培养是全社会共同关心的话题。高校需要以开放的姿态，积极作为，汇聚和协调校内外各类资源和要素，营造人才培养的良好环境，即构建开放的教育生态。所谓**教育生态是指，以学生发展为中心，由教育系统内外部相关要素所组成的多元环境体系，它对教育的产生、存在和发展起推动、制约和调控作用**。为了支持敏捷教学与可持续竞争力培养，高校需要建立"开放教育生态"，即能够与外部乃至国际教育相关要素多渠道多元化联系与合作的教育体系，并能够调动与整合校内外资源用于敏捷教学与可持续竞争力培养的教育生态。

从不同层面和不同观察者的角度，所看到的教育生态构成是不一样的。高校层面所感受的教育生态与专业学院层面所感受的不一样,从教师角度和从学生角度看到的教育生态环境也会不同。本章重点围绕可持续竞争力计算机人才培养需求,分析以计算机专业承担学院为中心的人才培养生态环境建设,主要涉及通识教育与多学科交叉融合、产学合作协同育人、国际合作开放育人,以及作为培养学生全面综合素质和创新精神的创新创业教育。创新创业教育是需要汇聚校内外资源、营造良好教育生态的典型代表。

开放教育生态不仅有利于吸收各种校内外资源为人才培养服务,还有利于打通人才培养的各个环节,为敏捷教学的实施提供便利。可以说,没有良好的开放教育生态就没有高质量的高等教育。

5.1 开放教育生态与可持续发展

世界经济正在进入以信息产业为主导的经济发展时期。近 20 年来,中国信息产业发展迅猛,成为中国经济发展的支柱型产业。应该看到,近 20 年来,计算机人才培养以及高校计算机基础教学工作为信息产业和信息经济的发展,不仅贡献了支撑产业发展的专业技术人才,还培养了大规模乐于接受信息技术和产品的信息经济的受众。

面对新技术加速发展,融合创新的新时代,计算机人才培养不能仅仅局限于专业技术能力的培养,还要具备良好的综合素质和融合创新能力以应对未来变化。因此,计算机人才培养需要使学生系统掌握专业知识,具备良好的动手实践能力;对技术和行业发展变化具有敏感性,能快速学习并迅速进入角色;善于跨界融合交叉,具有良好的沟通和合作能力。

这些能力和素质的获得就知识面而言,单纯依靠专业知识是不够的,需要有宽广的知识面,这样通识教育和跨专业学习就变得更加重要;就学习过程而言,单纯靠校内传统的课堂教学(第一课堂)和校内各类实践(第二课堂)是不够的,还需要让学生走出学校,参加面向社会的各类实践活动(第三课堂),甚至参加海外交流研修(第四课堂)。校内外不同类型的"课堂"具有不同的育人环境和资源特征,能给予学生不同侧面的锻炼,对学生成长会有不同的影响。丰富的校内外实践促进学生在专业学习的同时,为学生的长远发展构建成长空间,使学生个体在不同风格、不同内容的培养环境中接受知识、能力、素质和人格的全面锻炼,培养全球视野和系统性的综合素质和能力。

在面向可持续竞争力人才培养的各类实践中,企业实践尤为重要,特别是对计算机专业人才培养。计算机人才培养一个重要的特征是强调实践,特别是有一定规模和深度的工程实践。而企业,尤其是一些龙头企业,可以为大学生的工程实践提供代表主流技术的条件和机会。对企业来说,能持续不断地吸引高水平的应届毕业生和专业技术人才是企业发展壮大的重要保障。因此,企业也很乐于为高校提供企业实习和实训的环境,包括与高校开展有深度的教育合作。

可持续竞争力人才培养是知识、能力与素质全面塑造的过程,需要有一个大环境融合校内外不同部门和单位形成人才培养的合力,为学生提供拓展见识、多方面锻炼的机会。同时,高校承担着人才培养、科学研究、社会服务和文化传承等功能,高校内部各类资源需要在这些功能中合理配置。所以,人才培养不是简单地由一个专业学院来承担的任务,而是涉及人才培养各个环节的教育生态问题。

美国哥伦比亚大学师范学院前院长劳伦斯·A. 克雷明

（Lawrence A.Cremin）于 1976 年在《公共教育》（Public Education）一书中首先提出教育生态学概念[1]，即运用生态学方法研究教育与人的发展规律。教育生态试图充分发挥生态环境中各单位的有机作用，促进生态系统的自然平衡、协调进化，形成符合作用规律、有科学机理的环境，进而形成可持续发展的教育体系。一个好的教育生态应该是各参与单位相生相依、共享互赢、融合协同，实现有效的协同育人。

教育生态对教育的产生、存在和发展起推动、制约和调控作用。一个好的教育生态应该是以学生教育为中心，相关要素相互支持，形成具有开放性、协调性、动态平衡的和谐关系。

目前，部分高校存在人才培养质量不高、与社会需求脱节、教师不重视教学、学生学习动力不足等问题，根子在于没有形成良好的人才培养生态环境。典型的问题有：

① 育人的政策环境欠佳。无论对学校、学院还是个人，教学工作与科研工作相比，"砝码"一般是偏向科研。这里的核心问题是评价机制和资源分配机制问题。

② 学校内部多条线各自为政，还没有很好地形成合力，包括不同学科之间、学工线与教学线之间、招生就业与过程培养之间等。关键问题是没有建立起良好的治理结构以及能融合各方资源的机制。

③ 校友资源和校外资源没有得到很好的利用。校友资源是学校发展极其宝贵的资源。许多学校对校友资源的发挥，往往定位在捐资等对母校的回馈以及"校友以母校为荣、母校以校友为荣"这样的"荣誉共同体"，在共享开放的生态合作体系中，学校与校友之间应共同打造共赢发展的共同体。学校与校外企事业单位和国际合

作办学资源之间同样也需要打造良好的共赢发展共同体。

构建良好的教育生态是高质量教育可持续发展的重要保证。高校专业人才培养的教育生态包括校内生态和校外生态。

对专业院系来说,校内生态是专业人才培养最主要的生态环境,是学校内部政策、制度,以及相关各部门和其他专业学院的融合度,其中人事制度是影响高校人才培养的最重要生态——政策生态。相比较于教学工作,高校科研工作有更多能体现水平又容易量化的指标,而教学工作则缺乏一些既能体现水平又容易量化的指标,加上优的科研指标和队伍指标更容易提升高校在同行和社会中的地位,能给高校带来更多的资源,因此,高校的人事政策(包括职称评定和薪酬待遇)也往往向科研成果倾斜,从而影响了教师在教学上的热情和精力投入。高校(包括学院)应反思现有的人事政策和资源分配政策,努力营造人才培养的良好政策生态,使人才培养真正成为高校的中心工作。校内生态建设中,通识教育和多学科交叉融合是一项重要的内容,包括如何在教学体系、治理模式上推进通识教育和多学科交叉融合,如学科交叉中心、书院制等的探索。

高校教育无论从参与要素、教育过程、教育评价等角度看,都离不开教育的社会环境的影响。高校以人才培养为中心,与这些外部环境构成了对教育的产生、存在和发展起制约和调控作用的多元环境体系,即外部生态。人才培养是个长期的过程,不可能完全由市场驱动,政府应承担起教育投入和营造良好政策环境的职责,为高校人才培养构建良好的条件和氛围。高校还需要与包括用人单位在内的相关外部环境形成良好的互动,共同推进人才培养质量的提升:高质量的人才输出会得到更大的正反馈,进而可以赢得更好的声誉并获得更多的外部支持。同时,高校在人才培养过程中需要结合国家、区域和社会的发展需要调整人才培养方案,即需要根据外部环境(用人单位)对人才培养质量的反馈,不断改进教学。随着全球化的发展和中国逐步走向世界的中心,人才培养的国际化是我们需要面对的重要外部生态。

对计算机专业办学主体(学院)来说,面向可持续竞争力人才的开放教育生态建设重点是抓好 4 方面的工作,即通识教育与多学科交叉融合、产学合作协同育人、国际合作开放育人和创新创业实践育人。

5.2 通识教育与多学科交叉融合

随着科学技术的快速发展,学科之间的渗透、融合加剧,并由此推动科学与技术的创新,继而推动产业革命。培养学生具有广阔视野、交叉知识,具备多学科领域的思维方法,对于学生融合创新能力培养以及可持续竞争力的塑造是十分重要而关键的。

5.2.1 通识教育与交叉课程建设

信息社会时代,技术创新和产业革命紧密关联、融合发展。随着新一代信息技术在各行业中的广泛应用,产业结构、社会结构等都将发生重要的变化,甚至是革命性的变化。近年来以计算机技术为代表的新技术创新不仅频度加快,而且应用或者颠覆的领域越来越广,因此,更需要计算机专业的毕业生具有更广阔的视野和综合素质,能够敏锐捕捉技术创新应用的机会,并且善于跟来自不同专业的团队合作,推动应用落地,甚至产业模式创新。在此背景下,可持续竞争力的培养应该比以往更加强调下列相关能力和素质的培养,如批判性思维能力、沟通与表达能力、跨界合作能力、资源整合与创新能力。

另一方面,随之而来的是这些技术和产业变化(或者变革)所带来的社会影响。例如,随着人工智能技术的发展和应用,自动驾驶、智能客服、机器人、无人销售等一些原先由人类承担的工作将被自动化。一部分人可能失去原有的工作岗位,社会运行结构也将发生变化。作为计算机专业毕业生,需要关注这些技术应用可能带来的社会伦理问题。高校教育需要使学生理解技术应用有利的一面,也需要了解可能的负面影响,使技术更好地造福人类。所以,**这是一个技术的时代,更是一个需要人文精神的时代**。

不少院系在专业办学中,在课程体系设计、实践体系建设、教学资源分配等方面都会关注于专业能力的培养,而往往忽略了综合素质和人文精神的培养,以及多学科交叉对学生知识、能力、素质和人格培养的重要作用。我们所关心的可持续竞争力,无论是应对未来变化的适应能力,还是创新能力和行动能力,其基础是宽广的知识面和批判性思维能力。全球知名的教育家、曾任耶鲁大学校长20年之久的理查德·莱文在他的演讲集《大学的工作》[2]中这样提到,耶鲁致力于领袖人物的培养,本科教育的核心是通识,是培养学生批判性独立思考的能力,并为终身学习打下基础。

通识教育是为受教育者提供的一种通行于不同人群之间的知识和价值观的教育。通识教育致力于一定广度的知识,以促使学生在情感、道德、学识、人格等方面得到自由、和谐和全面的发展。在全球化趋势所带来的多元文化之间冲突碰撞的今天,新技术、新模式不断涌现的新时代,更加迫切需要大学的通识教育。

通识教育更关注的是人的教育,是在专业化的时代为每一个学生提供发现人类共同经验的机会,让他们更好地理解自我、理解社会、理解我们生活于其中的世界[3]。而专业教育则更强调高等教育面向社会需求,培养学生面向未来职业发展需求的专业能力和谋生技能。无论通识教育还是专业教育,其目标都是为了学生未来的发展需求。通识教育着眼于人的内在发展需求,而专业教育则更重视学生的外在发展需求,即适应未来谋生或者岗位需求方面的发展。

高校应该在教学体系设计中充分体现通识教育的分量,并通过课程教学方式改革加强批判性思维能力的培养。通识教育课程一般包括传统文化、世界文明、当代社会、科技创新、文艺审美、生命探索等方面主题的课程。计算机专业人才培养需要重视人文和社会科学知识与素养的培养,需要使学生了解人类文明与科技创新的发展历史,以培养健全人格及以科技推动社会进步的责任感。

当然,通识教育并不仅仅局限于课程教学。大学许多非正式课程的活动和环境同样是通识教育的重要阵地,包括校园文化、各种社团组织、社会实践活动,以及丰富多彩的校园讲座。目前许多高校在探索一种围绕住宿的属地化学生管理模式,即书院模式,承载通识教育中非正式课程部分的重要内容,作为开展通识教育的重要场所。

在交叉融合越来越重要的创新驱动发展背景下,人才培养的课程体系和实践体系也应能够支持计算机专业学生关注其他学科专业的内容。专业教学培养计划中应有一定学分的比例支持学科交叉,包括在设置学科交叉课程模块以及支持学生跨专业选课方面。

交叉课程模块是专业特色的一个重要体现,甚至可以成为专业特色方向。学科交叉也是学生个性化发展的重要方向,敏捷教学支持以学生为中心的个性发展,其中支持学科交叉就是一项重要内容。

推进计算机专业人才学科交叉的另外一种方式是加强学科交叉的项目实践,比如通过大学生科研训练项目、综合性实训、学科竞赛、创新创业竞赛、毕业设计等方式支持组建跨学科、跨专业的学生团队进行跨学科的项目实践。近年来,许多高校纷纷组建了一些交叉学科研究中心,在科研和学科建设方面组织跨学科的交叉团队。这些交叉研究中心不仅可以为研究生提供学科交叉的研究条件和氛围,同样也可以为本科生的交叉课程建设、交叉型教学实践提供平台和数据。在目前高校教学体系建设中,缺乏一种支持交叉课程建设的组织形式和资源配置体系,极其不利于人才培养的交叉融合。也许,基于交叉学科研究中心的交叉课程建设机制是一个值得探索的科教融合机制。

5.2.2　学生管理的书院模式探索

近年来,为进一步落实以学生为中心的培养模式,加强通识教育和学生综合素质的培养,许多高校纷纷探索学生管理的书院模式。据不完全统计,从 2005 年 9 月到 2017 年 7 月,我国共有复旦大学、西安交通大学、华东师范大学等 47 所高校成立了 137 家书院以及校园社区模式学院[4]。这些大学的书院发展模式和功能定位还存在比较大的差异,比较普遍的特征有:① 覆盖多个院系专业的学生,甚至多个年级;② 集体住宿并有一定专属的公共活动空间;③ 有组织地进行教育设计(如第二、三课堂活动);④ 有不同形式吸引各专业院系的教师参与教育活动(如导师制)。

书院模式为学生提供了一种多元化的发展氛围与自我管理的锻炼机会,是体现以学生为中心的重要机制。这种模式是在借鉴中国传统书院和英美大学住宿学院制度的基础上,以书院为单元的学习和生活社区,融人格塑造、综合素质发展和团队文化建设于一体的培养机制和模式。在书院模式下,来自不同专业的学生可以组织各具特色的学生社团,开展丰富多彩的社会实践,还可以争取社会资源组织各类大型活动;书院管理者可以邀请来自不同专业领域的名家参与学生活动,扩展学生视野,组织专业教师开展职业发展指导和帮扶活动。书院是培养组织和沟通能力的良好场所,激发服务社会的激情和承担社会责任的"小社会"。有人认为[5],书院的最大价值在于培育一种文化,通过文化生活对学生的学业和道德品性、行为举止产生影响,这也是书院的精髓所在。

书院模式还打破了传统的以专业学院为体系的大学人才培养组织形态,建立"学院+书院"的矩阵式结构,整合学工、教务教学、专业院系、后勤等多方面的资源,改进了传统的人才培养和学生管理模式,构建人才培养的新平台,是新时期学生教育模式的创新探索。书院模式由于有多学科的学生和多院系的教师共同参与,朋辈学习和活动范围更大,无论是育人活动形式和内容都极大扩展,为学生综合素质培养和人格养成提供了广阔的舞台。

书院和专业学院在人才培养方面应该是相辅相成的。以专业学院为体系的人才培养组织结构经过几十年的发展,已经形成了一套完整的专业人才培养体系,包括课堂教学、实践教学以及一套学生管理体系。学院以学术与专业发展为导向,侧重于建立和实施专业课程体系和实践体系,培养学生的专业能力和科研创新能力等;书院以学生综合素质发展为导向,负责开展课堂以外的校园文化、社团活动、社会实践等活动,侧重于以住宿社区为阵地,培养学生的综合能力,增强学生的社会责任感。

当然,书院模式与现有以专业学院为主的管理模式在实际操作时也存在冲突。我国高校长期存在的专业学院管理模式,使得书院模式的本来目的未能被充分认识和体现,导致教师、学生和管理人员都存在消极看待书院及相关活动的心理。不少人认为书院模式改革增加了学校的管理主体和层次,使得学校治理结构更加复杂,造成了运行秩序上的混乱,干扰了学生的专业学习。

书院的教育功能定位是书院管理机制和运行机制设计的重要基础。书院的教育内容应在整体人才培养目标指导下进行系统性设计,同时需要建立有效的评价机制以评估育人功效的达成度。专业院系参与的导师制是书院模式的核心,学生自我管理和朋辈学习也是书院模式的重要内涵。只有学生全面地参与书院的学习和生活,才有可能获得最大程度的发展,书院才能体现其存在价值。

例如,哈尔滨工业大学(威海)在书院模式的运行上做了一系列探索。在现有专业学院学生管理体系上,书院模式作为一种有益补充,经过几年的实践探索,逐步形成了书院与学院融合、通识教育与专业教育融合、导师与学生融合、领袖个性与群体融合、跨年级与跨学科融合、共性与特色融合、学习与养成融合、活动与文化融合的"八融合"建设模式。

5.2.3　学科交叉融合

计算机被称为 20 世纪最伟大的发明,随着科学技术的发展,计算机应用的领域越来越宽广、越来越深入。计算机技术的发展和应用已经不再局限于计算机学科本身,学科交叉融合不仅给计算机技术的发展提供新动力和创新源泉,而且也为计算机应用提供了广阔的天地。

近年来随着计算机新技术的广泛应用,不仅使计算机与软件产业不断发展壮大,同时与其他行业领域的结合也不断催生了新的产业模式和新业态,极大地推动了新兴产业的发展,有力地推进了产业结构调整。在此背景下,产生了大量对计算机复合人才培养的需求,一批以计算机学科为基础的新工科专业也不断被设立和发展壮大,如软件工程、网络工程、数字媒体技术、电子商务、信息安全、人工智能等专业。这些在 21 世纪新开设的专业基本上都是复合型专业,以计算机科学与技术学科为核心或者主体,融合其他学科领域的内容,面向新技术背景下新产业、新业态的人才需求,培养复合型新工科专业技术人才。

未来社会快速变化的主要驱动力是融合创新,特别是计算机技术与不同学科交叉,以及在不同领域和行业中融合创新应用。计算机专业人才应该有宽广的视野和敏锐的洞察力,及时跟上这种变化,甚至主动引导融合创新。因此,计算机专业人才培养应该重视多学科交叉对学生知识、能力、素质和人格培养的重要作用,注重培养学生的跨学科思维和跨界整合能力。

　　为促进学科交叉融合,在培养方案设计和实施时,可以设立学科交叉的专业方向、开发建设交叉课程和交叉型实践项目,以及鼓励学生选修和辅修外专业的课程。近年来,许多高校学科交叉研究中心的相继设立以及慕课的应用推广,为专业交叉融合创造了很好的条件。我们可以利用学科交叉研究中心的队伍和研究条件开发交叉型课程,组织不同专业的学生形成交叉研究团队,开放交叉研究实践项目等。随着慕课的应用推广,具备条件的高校也可以建设一批体现交叉融合的"微专业"课程,通过在线课程或者线上线下结合的形式为外专业学生提供学习本专业核心课程的机会。

　　一些传统专业与计算机技术的结合也使这些专业焕发新的活力。例如,浙江大学计算机学院的工业设计专业设立近 30 年来,通过与计算机技术的交叉,成功发展了信息产品设计方向,培养了大批信息产品创新设计人才。

　　当然,计算机教育对其他专业的影响和渗透,主要体现在大学计算机基础教学层面。随着新一代信息技术的快速发展和广泛应用,以技术创新为驱动的产业变革和社会变革正席卷而来,传统工科的改造和新工科建设越来越需要计算机技术的渗透。随着信息化的全面深入,无处不在、无事不用的计算也使计算思维成为人们认识和解决问题的重要基本能力之一。

　　目前,许多高校的计算机基础教学在课程体系、教学方法、教学质量等方面,与新时代的新要求都有很大差距。新时期的大学计算机基础教学一方面要加强计算机通识课程的建设,注重培养学生的计算思维能力;另一方面要注重新技术的吸收和融入,形成"+计算机"交叉课程以形成对 4 年专业培养的持续支撑,而不仅仅局限于大学一二年级的基础课。无论是计算机通识课程,还是"+计算机"交叉课程,以学生为中心的教学方法改进都需要引起重视,课程教学不能停留在知识传授层面,面向问题和基于项目的教学是重要的教学方法,动手实践能力培养是实现教学目标的必要途径。

5.3　产学合作协同育人

在计算机领域,优秀企业(特别是顶尖企业)集聚了大量高素质人才,掌握了最先进的技术和先进的工程开发经验。因此,企业已经成为重要的科技创新力量。

高校则集聚了大量高水平的研究人才,在科学研究和原创性技术研究方面具有优势。在人才培养方面,由于受高校办学体制和教师经历的限制,高校的人才培养往往比较注重知识传授,而动手实践能力培养相对不足,学生缺乏对现代企业文化和工作流程的了解,缺少工程实践经验,实践能力弱,缺乏团队合作精神与工作经验。因此,用人单位的需求和高校毕业生的能力之间存在差距,供需矛盾一直比较突出。

产学合作为高校提供了一种能敏捷反映社会需求和技术发展变化,实现人才培养与企业需求无缝对接的途径,更为学生综合能力和综合素质锻炼提供了重要平台。产学合作可以实现双方优势互补和互赢。对高校来说,产学合作人才培养模式是一种以市场和社会需求为导向的培养机制,以培养学生的综合素质和实际能力为重点,是适应能力、创新能力、工程能力培养的重要途径。对于企业来说,产学合作提高了从业人员素质,减轻了企业改革创新的成本,增加了发展的资本和潜力。另外,产学合作双方也提供了优势互补开展技术创新和工程应用研究的机会。

5.3.1 推进产学合作的措施

进入 21 世纪以来,教育部采取了一系列措施积极推进产学合作:从早期在软件产业领域的国家示范性软件学院探索,到卓越工程师教育培养计划面向工程领域的全面铺开,再到新工科研究与实践的产教深入融合。

立足软件领域的积极探索:国家示范性软件学院。 为适应我国经济结构战略性调整的要求和软件产业发展对人才的迫切需要,实现我国软件人才培养的跨越式发展,2001 年 12 月教育部和国家计委发布了《教育部国家计委关于批准有关高等学校试办示范性软件学院的通知》(教高〔2001〕6 号),公布了首批试办示范性软件学院的高校名单(共 35 所高校,后又增加 2 所),采取多项扶持政策,支持其试办示范性软件学院,提倡并鼓励各示范性软件学院与国外大学、国内外软件公司或企业开展合作办学,包括合作建立实习基地。国家示范性软件学院是进入新世纪以来,我国高等教育在产学合作人才培养方面的重要举措,为工科专业产学深度合作探索了大量宝贵而丰富的经验,为我国软件产业赶超国际先进做出了重大贡献。

面向工程领域的全面铺开:卓越工程师教育培养计划。 2011 年 1 月,教育部发布了《教育部关于实施卓越工程师教育培养计划的若干意见》(教高〔2011〕1 号)。"卓越工程师教育培养计划"(以下简称"卓越计划")是教育部贯彻落实《国家中长期教育改革和发展规划纲要（2010—2020 年）》和《国家中长期人才发展规划纲要（2010—2020 年）》的重大改革项目，也是促进我国由工程教育大国迈向工程教育强国的重大举措。卓越计划具有三个特点：一是行业企业深度参与培养过程；二是学校按通用标准和行业标准培养工程人才；三是强化培养学生的工程能力和创新能力。卓越计划实施的专业包括传统产业和战略性新兴产业的相关专业，适度超前培养人才。自 2014 年起，教育部高等教育司实施了"产学合作协同育人项目"，面向企业征集合作项目，由企业提供经费支持，以产业和技术发展的最新需求推动高校人才培养改革，构建了高校与行业企业协同育人的新机制。

推进产教深度融合：新工科研究与实践。为主动应对新一轮科技革命与产业变革，支撑服务创新驱动发展、"中国制造 2025"等一系列国家战略，2017 年 2 月以来，教育部高等教育司推进新工科建设，先后形成了"复旦共识""天大行动"和"北京指南"，探索引领全球工程教育的中国模式、中国经验。新工科建设是在卓越计划已取得的工程教育改革成果的基础上，调整和转变学科专业建设思路，从适应产业需要转向满足产业需要和引领未来发展并重，拓展和提升工程教育改革内涵，将工程教育改革拓展到多学科交叉领域、提升到国家战略和未来发展的高度，是卓越计划的升级版[6]。

我们认为，产学合作为计算机人才培养提供了丰富的教学资源和实践条件，为可持续竞争力人才培养搭建了广阔的舞台。通过产学合作，可以将业界的先进技术、工程方法和工程案例融入校内教学中，也可以让学生到企业实习，直接感受复杂软件开发过程和团队合作方式。学生可以通过产学合作掌握业界主流技术，培养解决复杂问题的工程能力和创新能力,锻炼团队合作和沟通交流能力,以及加深对产业发展和社会的认识,培养适应变化和抵抗失败挫折的能力。

5.3.2　产学合作方式和新机遇

产学合作为敏捷教学的实施提供了更丰富的教学内容、更有利的教学条件和资源保障,可以渗透于课堂教学、校内实践、校外实践以及海外交流"四类课堂"中,使学生在更丰富的教学环节和场景中不断"迭代"专业能力。

面向敏捷教学的需求,产学合作可以在专业建设(如专业定位、培养方案)、课程建设(如教学案例、数字化资源)、实习实训基地建设(如实践条件、工程方法)、教师队伍建设(如教师工程能力培养)等方面发挥重要作用。

① 在科技创新与产业发展高度融合的今天,产学合作需要在技术研发与人才培养上建立更加敏捷的联动机制。企业可以开放亟待解决的技术难关与研发课题,同时提供充沛的研究经费,由高校教师带领学生以智力投入的方式,与企业合作进行研究路线选择、技术研发、成果转化等工作。更深入地,双方可以围绕共同关心的问题和研究方向建立联合实验室,在科学研究和人才培养方面开展深度合作。通过这样的深度融合,既为企业提供了强大的科研力量支撑,也使得高校教师与学生能够时刻保持与行业需求的对接,从而为专业建设、课程开发的不断"迭代"提供更为明确的方向。可以让企业在专业培养方案设计的源头上就介入人才培养过程,将产业

的发展动态和人才需求及时反馈给高校,以便高校按照产业需求不断调整培养方向和课程体系与教学内容,敏捷反映人才培养的社会需求。

② 通过产学合作,将产业的主流技术和应用案例及时传递给大学,让学生接受更为复杂的环境和内容的训练。企业可以为高校提供工程案例,使高校课程教学内容更贴近实际也更具有挑战性;高校也可以聘请优秀的工程技术人员为学生讲授最前沿的新技术及应用案例,力求人才培养与市场接轨;高校教师可以与企业技术人员一起发挥各自的优势共建数字化教学资源、共同编写教材。另外,实习实训基地是承载综合性专业实践的重要场所,也是学生专业能力训练的重要基地。企业可参与实训基地内容和条件建设,包括选派优秀的技术人员参与实训指导,为学生在企业实习准备好相应的知识和技能;实习是学生专业能力的综合训练,不仅锻炼其整体解决问题的思路,还可以使学生尽快熟悉企业工作环境和流程,增强学生解决复杂问题的能力。

③ 通过产学合作推进教师队伍建设,实现校企人才资源共享,充分发挥高校教师、企业教师的特长。合作企业可以选派优秀企业技术人员参与高校的课程教学、指导学生等教学过程;高校也可以选送教师到企业带薪锻炼或者参加企业培训机构培训,提高教师的工程实践能力,同时教师也有机会将研究成果转化为生产力,为企业解决实际问题。校企双方在教师队伍建设方面的合作,可以进一步加深双方的沟通和理解,弥补高校教师队伍工程能力不强的弱点。高校需要建设专兼结合、内外结合的多元化的教师队伍,兼具理论知识和工程能力与素质。

近十多年来,随着互联网企业不断发展壮大,龙头企业不仅拥有富可敌国的强大资金,而且还吸引了一大批顶尖的科学家,其基础研究和技术研究能力不亚于高校,同时由于其直面市场和应用,掌握主流技术,还拥有强大的工程能力和产品开发能力。高校在基础研究和技术创新方面依然具有优势,更重要的是高校培养的优秀毕业生是企业未来人才的重要来源。高校与企业之间相互依赖,优势互补,但随着企业技术力量和研发能力的提升,产学合作的方式和内容都将会发生变化。

我们认为,未来的产学合作既不是简单的人才培养的合作,也不是简单的科研和技术转移的合作,而应该是围绕共同的目标,融合基础研究、技术创新与人才培养为一体的产学深度合作,是聚焦于共同关心的研究主题,凝聚双方队伍的产学研机制。这种合作不仅能提升企业的核心竞争、提高高校的学科水平,而且能改善可持续竞争力人才培养的社会生态。

5.4　国际合作开放育人

托马斯·弗里德曼在其著作《世界是平的:21世纪简史》一书中指出,经济、政治、文化、科技等全球化发展的结果是人才国际化。在全球化时代,无处不在的跨国公司打破国界,在各国挑选优秀人才;人才在全世界人力资源市场的流动则进一步适应了跨国公司向世界扩张和各国经济发展的需要。

联合国教科文组织2015年发布的报告《重新思考教育:迈向全球共同事业》[7]指出,教育要进一步成为全球的"共同事业",教育负有面对世界新挑战的责任。2015年10月,我国政府颁布了《统筹推进世界一流大学和一流学科建设总体方案》,明确提出要将促进国际交流和合作,加强与世界一流大学和学术机构之间的实质性合作与协同创新,以切实提高中国高等教育的国际竞争力与话语权作为重大改革和发展任务。2018年8月,在教育部、财政部、国家发展改革委员会印发的《关于高等学校加快"双一流"建设的指导意见》中指出,大力推进高水平实质性国际合作交流,成为世界高等教育改革的参与者、推动者和引领者。

全球化时代需要有国际竞争力的人才,他们具有国际视野,能以多元化观点分析全球事务;通晓国际惯例和规则,理解不同文化背景,具备跨文化的交流沟通能力;善于捕捉本行业国际信息,具有国际活动能力,能以开放和有效方式参与全球合作与竞争。人才培养的国际化是提高人才国际竞争力的有效途径,而国际合作是营造良好的国际化育人生态的保证。

国际教育合作可以借助发达国家一流教育资源、课程资源和师资条件来建设和发展我国的计算机专业。高校可通过国际教育合作,借鉴国外高校的建设经验,改革人才培养模式、课程体系、教学内容和教学方式,提高办学水平和人才培养水平,以及高校的国际竞争力和影响力。同时,积极营造国际化的育人环境,例如,借鉴国际一流大学的课程体系和教学方法,建设国际化能力比较强的师资队伍,开设全英语或者双语课程,吸引大批留学生就学,等等。由于信息技术发展与产业紧密融合,国际教育合作并不局限于与国际知名高校的交流与合作,也应该包括与国际著名IT企业的国际产学研合作教育。

可持续竞争力是面向国际的。学生参与国际教育合作的培养过程可以培养国际视野,掌握多元文化并拥有跨文化的交流、沟通和合作能力,了解国际规则为参与全球合作打下基础,即培养国际化视野、跨文化交流、全球化合作的基础和能力。在中国逐渐走向国际舞台中心的今天,这种跨境、跨文化的沟通交流合作能力显得尤为重要。在全球化趋势背景下,接受高等教育的学生需要有机会感受不同的文化和思维方式,了解各国社会和民情,从而建立自身的国际化意识和思维。同时,可以了解产业前沿和技术前沿问题,了解全球新技术和新产业发展态势。

高校教育国际合作可以有多种形式:

① 合作研究。与国外高水平大学、顶尖科研机构的实质性学术交流与科研合作,建立国际合作联合实验室、研究中心等,并以此推动优秀学生、青年教师、学术带头人等与这些高水平大学和机构的交流与合作。

② 合作办学。通过联合办学、合作培养、学分互认、学位互授等形式建立创新联合办学体制机制或者人才培养模式。浙江大学、上海交通大学等高校设立的国际联合学院就是一种体制机制的探索。许多高校本科层面的"2+2""3+1"模式以及双学位项目也是一种典型的合作培养模式。

③ 短期交流。中外联合举办暑期夏令营、联合竞赛、暑期交换生,以及国际化企业实习等,都是既容易实施又可使学生感受国际化氛围的方式。

④ 国际机构实习。有组织、有步骤地培训并选拔高校优秀学生和毕业生到国际组织实习任职,培养通晓国际规则、具有良好国际

活动能力的人才。

教育国际化将为可持续竞争力人才培养提供更广阔的空间。随着中国国际地位和中国高校办学水平的提升,今后我国高校国际化的学生流动将呈现"大进大出"的双向流动的特征,一方面将有大批中国高校学生出国交流,同时也将吸收大量海外高校的学生来华交流。在这种双向流动中,国际高校间的多边合作模式将为学生提供更多的选择机会和更广泛的国际接触,即国际多个高校联合为参与高校学生共同搭建交流平台,包括暑期国际联合夏令营、多轮递进式国际交流、基于在线开放课程和远程直播的异地课程学习等。国际化教育资源将成为开放教育生态的重要组成部分,国际化教育环节将是敏捷教学体系的重要组成,迭代式能力培养不应该仅仅局限于国内,而同样应该是国际化、全球化的,也同样是高校内和高校外(国际企业)的。

高校需要为今后这种"大进大出"的双向流动教育国际化需求做好队伍和组织上的准备。

首先,要推进教育国际化,需要建设一支有较好国际化能力的教师队伍。一方面需要注意引进一批有国际化背景的教师,另一方面也要通过国际化过程积极创造条件提高高校师资水平,努力培养能与国际同行对话与合作的师资,包括选送教师海外进修、合作研究和联合指导研究生、建立联合实验室、联合举办国际学术会议等。

其次,无论是学校层面还是学院层面,都要有教育国际化的顶层设计,从人才培养、科研合作、管理队伍、经费保障等方面进行全方位规划。需要有专门的经费安排支持教育国际化工作,包括可以争取校友捐赠等方式吸收社会资金,支持师生的国际交流和合作培养;需要在学校和学院的组织和服务体系上加强建设,完善从招生、教学、实习到就业各个环节的全链条管理服务体系,提高国际交流质量。

5.5 创新创业实践育人

2015年,《中共中央 国务院关于深化体制机制改革加快实施创新驱动发展战略的若干意见》和国务院办公厅《关于深化高等学校创新创业教育改革的实施意见》文件出台后,我国高校创新创业的资源投入、政策扶持和环境营造等得到了高度重视,揭开了我国大众创业、万众创新的新篇章。由教育部等多个部委主办的中国"互联网+"大学生创新创业大赛自2015年开办以来,引起了中央领导、各高校以及社会各界的高度关注,参赛规模和影响力连创新高。

高校大力开展创新创业教育,有助于大学生树立创立事业、成就事业,服务于社会主义现代化建设的人生观和价值观;有助于提高大学生服务国家和人民的社会责任感、培养勇于探索的创新精神和善于解决问题的实践能力;有助于激发大学生的学习兴趣和创业热情,促进大学生个性化培养和综合素质的提高[8]。

5.5.1 国际创业教育发展趋势

近年来,欧美国家在创业教育上积累了丰富的政策与实践经验,开始呈现出战略化、全球化、终身化、全民化和系统化的发展趋势[9]。

① 创业教育战略化，即将创业教育置于国家和地区发展的关键位置，制定与创业教育相关的发展战略。2000 年，欧盟在《里斯本战略》中提出将创业教育作为培养青少年创业精神的重要途径，以此提升欧盟的经济活力与整体竞争力。美国从 2009 年起至今陆续发布了三份《国家创新战略》，2011 年还发布了史上首个专门针对创业的全国性计划——"创业美国计划"，特别强调创业型工程人才的培养、社区学院创业教育的发展，以及创业计划大赛服务于国家优先发展领域等内容。

② 创业教育全球化，表现在创业教育全球合作日益紧密、创业教育聚焦全球问题。创业教育的全球化，不仅意味着全世界各国都积极投身于创业教育事业，寻求合作与共同发展，也意味着创业教育要培养具有全球视野、能把握国际创业机会的创业人才。

③ 创业教育终身化。欧美国家颇具前瞻性地将创业教育融入人才培养的各个阶段。在小学阶段，近半欧洲国家或地区采取跨学科的方式开展创业教育，强调通过不同学科的横向交叉实现教学目标。美国创业教育联盟提出由基础认知阶段、能力意识阶段、创新应用阶段、创业实践阶段和成长阶段 5 个阶段组成的创业终身学习模型，倡导创业教育阶段的前移与后续。据青年成就组织（junior achievement）统计，美国已经有 42 个州对从幼儿园至高中毕业阶段（K–12 阶段）的创业教育有标准、指导意见和熟练程度相关方面的要求，有 18 个州明确要求高中提供创业教育相关课程[10]。

④ 创业教育全民化，即创业教育不再囿于高校学生群体，而是通过开设在线网络课程、服务社会弱势群体等方式推动创业教育的全民化进程。

⑤ 创业教育系统化,即通过激活关键要素、形成互动体系以发挥创业教育的整体功能。欧盟积极倡导不同主体在创业协作网络中发挥关键作用,并将高校作为该协作网络的主要和关键角色。在美国,许多大学的创业教育和培训已不再集中于商学院,而是围绕创业在全校范围内形成了由多达数十个项目组织或中心组成的"创业生态系统"。

5.5.2　创新创业教育生态建设

目前,不少高校和教师狭隘地将创业教育等同于创办企业的教育,也有不少教育管理者和政府部门将创业教育视为缓解就业压力燃眉之急的"良药"。创业教育不仅是缓解就业压力的工具,更是包含提升就业能力在内的创业素质教育。创业教育不能忽视以人为本的创业教育根本宗旨,忽视大学生创业的科技价值、文化价值和社会使命。我们必须清醒地认识到,创业教育的逻辑起点是"育人",而非"谋财"[9]。

创新创业教育是以创新为基础、创新为驱动,融合创业教育的人才培养内容和形式。其中,创业教育生态系统是一个由内源性要素、发展性要素、支持性要素等不同要素组成的复杂系统。在它自然形成与发展的每一个阶段中,无论是大学学术机构之间亦或是学术机构与行政力量之间,甚至包括了高校与以产业部门、研究机构、政府机构、社会组织等为代表的外部要素之间,都存在着相互依存、开放合作、共生演进的密切联系。创业教育生态系统健康有序的运行,除了以上内源性要素、发展性要素、支持性要素等相互配合外,还要重点围绕大学生、教师这两个关键环节,促进大学生创业教育系统良性循环[11]。

因此,创新创业教育不仅涉及创业课程的设置和创业实践体系的建立,更重要的是创新创业生态的营造,需要吸收多学科以及校内外各方的力量建立创新创业教育体系,包括课程教学、实践教学、创业孵化等校内外条件和服务支撑。创新创业生态是高校教育生态的重要组成,也是汇聚最多参与要素、关联度最紧密的教育生态。

基于互联网以及计算机新技术的创新创业是目前最活跃的创新创业领域,新一代信息技术的应用创造了新商业模式、新业态,颠覆了许多传统行业,为计算机专业学生的创新创业提供了无限的可能和广阔的想象空间。

计算机专业学生的创新创业活动应该以创新为基础,以技术创新驱动创业。一方面要打好宽广的知识基础,具有跨界思维和交流基础以及良好的团队合作素质,另一方面要了解相关领域的发展趋势,了解基本的金融和管理学知识,培养创新意识和创新动力。创新创业教育对培养学生敢于探索、敢于冒险、敢于成功、不畏失败的精神以及坚韧不拔的意志力都具有重要意义。

创新创业教育需要关注创新创业生态体系的建设,主要包括:

① 建设丰富的创业教育课程体系。汇聚多学科的力量构建一系列创业通识类、专业类课程全过程融入高校人才培养体系。创业通识类课程主要面向全校所有学生的通识类课程,以创业思维、创业意识培养和导论性教育为主。创业专业类课程涉及企业管理和运行等方面内容的课程以及实践体验课程。也可以发动创业成功的校友参与创业课程的建设。

② 建设有活力的创新创业实践体系。需要发挥计算机学科基地的作用,吸收学生参与教师的科研活动,为学生创新创业活动打下基础。学生(特别是研究生)可在深入参与教师的科研活动中、取得研究成果后,与教师一起实现科技成果的转换。对高校来说,需要建设良好的创新创业实践体系,特别是能整合各种创新创业社会资源的创业孵化基地,其中"众创空间"就是一种很好的形式。众创空间通过类似市场化机制、专业化服务,甚至资本化途径,有效集成高校的学术资源、专业设备资源,为学生提供全链条创业服务。

③ 加强创新创业导师队伍建设,加强创新创业指导。要培养建设一支既有理论知识又有实践经验、专兼职结合的创业教师队伍。探索建立创新创业导师制度,鼓励教师参与创业实践,同时采取有效措施积极从社会各界中聘请企业家、创业成功人士和专家学者等作为兼职的指导教师。

高校可不断优化创新创业机制,通过多学科交叉融合和产学合作,加强资源整合能力与综合服务能力,逐步构建出高校创新创业发展生态。例如,在固定时间和地点定期开展创业讲座、培训、沙龙、竞赛、论坛等活动,引导大学生关注创新创业活动,增强创新意识和能力,培育创新创业风气与文化;将创新创业课程教育和校外创业精英的实践指导相结合,从理论指导和实践操作层面对学生进行创新创业培训;基于众创空间开展有深度的创新创业项目选拔和孵化,为有一定规模和发展前景的大学生创业企业提供孵化服务。

近年来,不少高校已经在学生创新创业方面做了许多有益的探索。例如,浙江大学构建了"创业意识激发""创业能力培养""创业项目优化""创业资金对接"和"创业基地落地"五位一体的创业教育体系[12]。北京大学计算机系早在 2008 年就开设了"职业规划与领导力发展"课程,其后还开设了"姐妹"课程"科技创新与创业"。这些课程发挥校友资源,与产业前沿紧密结合,效果很好,深受学生欢迎。

5.5.3 学生创新能力培养

创新创业教育的核心是创新能力培养。创新能力是可持续竞争力的重要体现,也是新时代大学生所必备的特征。通常认为,创新能力是一种综合能力,包括学习能力、分析能力、综合能力、想象能力、批判能力、创造能力、解决问题的能力、实践能力、组织协调能力以及整合多种能力的能力。

培养学生的创新能力需要激发学生的好奇心和创新驱动力,掌握系统思维和批判性思维方法,提升综合运用已有知识和经验的能力。高校可以通过提供良好的科教融合平台,包括本科生科研训练、学科竞赛、创客空间、科研实验室等,为学生创新能力培养提供支撑。

1. 本科生科研训练

本科生科研训练的目的在于通过研究项目的方式,鼓励学生在导师的指导下开展科学研究,以培养学生的研究兴趣,训练其研究能力,包括提出问题、分析问题和解决问题的能力,以及在研究过程中不可或缺的沟通能力、表达能力和领导能力。同时,教师通过指导学生研究可以增强师生之间的互动,在课程教学之外,通过言传身教对学生进行科研基本方法的训练。本科生科研训练已成为大学第二课堂的主要形式,在学生能力培养中发挥着重要的作用,成为学校创新生态建设的重要环节。本科生在大学期间接受科研训练是落实以学生为中心,以学生学习成效为中心,培养学生可持续竞争力的重要途径。

我国高校在 20 世纪 90 年代开始进行本科生研究的尝试。清华大学于 1996 年提出并实施了"大学生研究训练计划(SRT)",浙江大学、复旦大学于 1998 年相继启动"大学生科研训练计划""本科生学术研究资助计划",搭建起本科生参与学术研究的平台,自此本科生科研训练计划在我国迅速发展起来[13]。

高校需要鼓励教师积极投入本科生科研训练。目前,从教师的角度看,指导本科生科研训练的积极性并不高。学校应在教师的工作量考核、荣誉奖励等方面给予一定的激励措施,促进师生的良性互动,提高教师投入此项工作的积极性。

2. 学科竞赛

与本科生科研训练类似,学生参加学科竞赛也是培养能力的一条重要途径。好的学科竞赛对于增加学生实践机会和实践环节,培养学生解决实际问题的能力具有较大的促进作用,也能帮助同学们提高团队合作意识、沟通能力等。同时,竞赛能帮助学生开阔视野,尤其是国际竞赛,可以和国际顶尖高校的学生同台竞技,是十分不错的交流学习的机会。

鼓励学生参加计算机学科竞赛。目前各种计算机学科竞赛很多,质量参差不齐。要根据学生的实际情况,指导学生选择参加合适的竞赛。同时,注意参加学科竞赛与完成正常学业的平衡及相互促进,不能因为参加学科竞赛而荒废了正常的学业。

从学校角度看,学科竞赛成绩是衡量学校教学水平的一个重要方面,学校要鼓励学生积极参加,并为参加竞赛的学生在指导教师、竞赛训练、比赛资源等方面提供必要的支持和帮助。竞赛指导教师是推进高校竞赛发展水平的关键,学校应给予积极的政策支持,包括职称晋升条件的支持。同时,对于取得高水平竞赛成绩的学生给予一定的荣誉,以影响和带动更多学生,共同提高。

3. 创客空间

近年来,鼓励创新、把各种创意转变为现实的创客文化在全球蓬勃发展。作为创新能力培养的一个重要基地,创客空间在基础教育以及高等教育中不断涌现。

创客空间指的是社区化运营的工作空间,对创新设计有共同兴趣的人可以在这里聚会,进行创意交流以及协同创造。创客空间可以是工作坊形式,为学生提供用于创作和制造的工具,如车床、模具机、电火花切割机、3D 打印机等,同时也提供创意交流、讨论的研讨空间。创客空间需要经常举办一些讲座、经验分享、作品展览等活动,包括提供相关的教学课程支持。

总之,创客空间为学生以及来自不同专业的学生团队提供空间进行创意碰撞、合作创造,把更多的创意转变现实乃至产品。对计算机专业学生来说,创客空间是培养学生创新意识、学科交叉、软硬融合,以及行动能力的重要场所。

4. 科研实验室

19 世纪之前,教学都是大学唯一的职能,科研活动主要在大学之外进行。而威廉·冯·洪堡创建柏林大学,把科学研究作为大学使命之一,并不是为了促进教学,而是作为教师的一项权利。现代大学中,科学研究不仅担负着知识发现和探索未知世界规律的任务,也是具备可持续竞争力和创新能力的人才培养的不可缺少的环节之一。

教师的科研实验室应尽量向本科生开放,吸引本科生参加科研实验室工作,与教师和高年级学生一起参加科研工作。一方面可以在课题组中加深同学之间、师生之间的相互了解,发挥朋辈协作学习作用,培养团队合作和沟通能力;另一方面也有利于学生在参与科学研究过程中接触前沿领域,激发兴趣,培养批判性思维和研究分析能力,以及创新能力。

总之,高校要从创新人才培养的角度辩证看待教学和科研工作的对立统一关系,进一步加强教学和科研两方面的工作,为培养具备可持续竞争力人才提供一个良好的支撑环境。

以学生为中心的开放教育生态是可持续竞争力人才培养的重要支撑。我们认为,计算机教育可持续竞争力人才培养,在培养方案上应加强包括人文和社会科学在内的通识教育;在培养环节上应吸收产业和国际化资源,通过搭建校内外融合、多方位的育人平台,为学生迭代式能力培养提供更广阔的空间和全方位的磨炼机会,使高校成为给学生面向未来发展赋能的场所。相应地,学校和学院内部组织结构应做进一步调整,加强资源整合能力建设和服务型治理结构建设,为推动深度的产学合作和国际合作,更好地实施敏捷教学提供机制和组织上的保证。

参考文献

［1］CREMIN L A.Public education［M］.New York：Basic Books,1976.

［2］LEVIN R C.The Work of the university［M］.Yale University Press,2003.

［3］欧内斯特・L.博耶.关于美国教育改革的演讲:1979—1995［M］.涂艳国,方彤,译.北京:教育科学出版社,2002.

［4］刘海燕.我国现代大学书院制改革的现状、问题与对策［J］.中国高教研究,2017(11).

［5］孟彦,洪成文.我国大学书院制发展之思考［J］.高教探索,2017(3).

［6］林健.新工科建设:强势打造"卓越计划"升级版［J］.高等工程教育研究,2017(3).

［7］UNESCO.Rethinking education：towards a global common good？［R］.Paris：The United Nations Educational.Sciencetific and Cultural Organization,2015：3.

［8］陈希.将创新创业教育贯穿于高校人才培养全过程［J］.中国高等教育,2010(12).

［9］徐小洲,倪好,吴静超.创业教育国际发展趋势与我国创业教育观念转型［J］.中国高教研究,2017(4).

［10］Junior Achievement USA.The states of entrepreneurship education in america［EB/OL］.(2015-7-12)［2017-2-24］.https://www.juniorachievement.org/documents/20009/20652/Entrepreneurship + standards + by + state. pdf/494b5b34-42a24662-8270-55d306381e64.

［11］GEM(Global Entrepreneurship Monitor).2015/2016 Global Report［EB/OL］,2016-2.http://www.gemconsortium.org/report/49480.

［12］姜嘉乐,李飞,徐贤春,等.浙江大学人才培养的理念、模式、特色及其实践:浙江大学校长吴朝晖访谈录［J］.高等工程教育研究,2016(4).

［13］邴浩.国内外本科生科研训练计划的比较研究.教育学术月刊,2014(5).

第六章 西部高校计算机教育协同发展

> 以经济社会发展需要为导向，优化高等教育结构，加快"双一流"
> 建设，支持中西部建设有特色、高水平大学。
>
> 李克强

> 人们在力量和天赋上可以是不平等的，但是通过协议并根据权利，
> 他们都是平等的。
>
> 卢梭

前面已经多次提到，可持续竞争力的人才培养是面向所有高校的，因此我们的目标并不是少数几所高校，而是我国计算机人才培养质量的整体提升。近几年来，关于西部高校的发展得到越来越多的关注，我们注意到一些报告和文章对于西部因办学环境和条件困难导致人才流失的现象表示了担忧。但是仅仅停留于埋怨和忧虑是远远不够的，甚至是不负责任的，一味地消极依赖国家政策的变化只会更加无所作为。应考虑如何激发西部高校自身的办学活力，在困难中寻找解决问题的突破口，坚守办学定位和服务导向，抢抓当前国家西部地区信息化产业大发展的机遇，为西部高校的计算机人才培养闯出一条改革之路和成功之路。本章将讨论基于中国的

国情,西部高校如何在经济发展的全局观下因势而谋、应势而动、顺势而为,探索西部高校计算机教育的发展途径和策略,实现新时代赋予的使命。

6.1 西部经济发展特点与高校定位

中国西部地区国土面积约占全国的72%,人口约占全国的1/4,地域辽阔,资源丰富,是我国重要的经济发展资源基地和生态安全屏障。经过几十年国家工业化和现代化的建设,西部各省逐渐形成了相对完整的经济体系,其中既有原材料工业、轻工业、设备制造业、现代服务业等大型基地,也有现代农牧业生产和加工系列产业,呈现了各具特色的产业布局和发展模式。但是长期以来由于自然条件和历史状况的约束,西部地区的经济发展仍显滞后和活力不足,国民生产总值约占全国不到1/4,各项社会发展指标也还存在不少的差距,并由此产生了教育发展的各种瓶颈和桎梏。但是在未来国家发展的新征程中,没有西部高校的计算机教育发展与改革,就没有中国高校计算机教育的整体提升。这是我国计算机教育进入国际一流,实现惠及所有学生的高水平人才培养不可回避的问题。

2000年10月,国家部署实施西部大开发的重点工作,把实施西部大开发、促进地区协调发展作为一项战略任务,强调实施西部大开发战略、加快中西部地区发展,关系经济发展、民族团结、社会稳定,关系地区协调发展和最终实现共同富裕,是实现第三步战略目标的重大举措。[1]

2015年,国家又提出"一带一路"倡议,促进经济要素有序自由流动、资源高效配置和市场深度融合,推动沿线各国实现经济政策协调,开展更大范围、更高水平、更深层次的区域合作,共同打造开放、包容、均衡、普惠的区域经济合作架构,构筑全球经济贸易新的大循环,成为继大西洋、太平洋之后的第三大经济发展空间[2]。西部地区迎来了难得的战略发展机遇,正在乘势而为,将资源优势转化为经济优势和社会发展优势,摆脱经济洼地的现状,融入国家乃至全球经济发展的大局。

2017年2月24日,教育部、国家发改委、财政部在北京专题召开中西部高等教育振兴计划实施工作推进会,围绕提高人才培养质量、提升服务发展能力两个重点开展工作,强化人才、体制机制和投入三项保障,制定一系列促进西部地区高校发展的措施[3]。组织实施"中西部高校基础能力建设工程"(二期),加快推进中西部重点大学建设计划"一省一校"和《中西部高等教育振兴计划》升级版,力争到2020年在中西部涌现出一批有特色、高水平的地方高校,若干所地方高校和一批特色优势学科进入"双一流"建设行列,中西部高等教育整体水平明显提升,服务中西部地区经济社会发展能力明显增强。在国家的大力支持下,广西大学、新疆大学等高校实现了"两院"院士、"长江学者""杰青""千人计划"等领军人才零的突破,多数高校教师队伍中具有博士学位的比例提高了10个百分点以上,中西部高校的建设进入快速发展的新时期。

毫无疑问,在西部大开发和"一带一路"的建设过程中,西部高校将扮演十分重要的角色,承担着各类专业人才的培养,以及对于区域经济社会发展的理论创新、技术进步和文化繁荣的重任[4,5]。地方政府举办高等教育,并将其纳入整体经济社会发展的重要一环,高校自然应该为区域经济发展服务。长期以来,西部高校也的确按照这一基本原则,突出"地方性、应用型",在坚持办学定位,服务地方经济发展方面做出了显著和不可替代的贡献,在西部地区整体经济建设和发展中,各类高校的作用功不可没。

随着信息技术的进步,西部经济的发展正在发生巨大变化。西部省份面临经济模式的重大转型,用信息化改造传统产业,创造新兴产业,提升了经济的发展质量和水平。以信息技术为基础的一大批建设项目正在西部各省铺开,其中包括各种数据中心、智能制造中心、机器人中心、数字物流中心、电商中心等,成为西部各省经济发展实现"变轨加速"的关键增长点和突破口。互联网经济在一定程度上使西部避免了地域和人才方面的劣势,而丰富的数据资源和区位优势使得一些新产业和新业态在西部地区容易落地和成长。西部地区的经济发展已经和计算机教育产生了紧密的联系,对于信息人才和技术的渴求从来没有像现在这样迫切。在这样难得的背景下,计算机教育更应该主动抓住机遇,认真分析区域经济的新布局和新特点,建立与地方政府的常态协商机制,借势一流专业建设"双万计划",积极推进富有地方特色和学科优势的一流专业建设,以新高度和新模式更好地发挥服务地方的职能,这不仅是学校的教育责任,更是服务国家重大战略的政治责任。

一些高校的计算机学院已经先行一步,做出了积极的探索。

新疆大学信息科学与工程学院抓住地区特色,持续推进民族语言信息处理和社会网络应用研究,发展了多语种信息技术的多媒体化、网络化,在民族文字信息处理技术方面取得瞩目的新突破,形成研发、生产、经营、服务一体化的产学研基地,取得重大经济及社会效益,对新疆地区民族文化和民族交融做出国际性的贡献[6]。

贵州大学配合省政府提出的"大数据产业发展战略",助力贵州省的跨越式发展和产业升级。该校于 2014 年在原电子信息学院的基础上,建设大数据与信息工程学院,并与地方政府联合成立"贵州省大数据产业研究院"。贵州大学采用"3+1"的人才培养模式,为贵州乃至全国大数据产业培养中高端人才,一批毕业生已经成为贵州和国内信息产业的科研与技术骨干力量[7]。

兰州交通大学抓住青藏铁路建设机遇,整合校内相关学科,成立高原交通信息工程及控制重点实验室,主动承担高原环境下交通信息领域的基础研究和应用开发,特别是青藏铁路建设的一些重大技术难题的研究和攻关。实验室积极与铁路设计及运行部门合作,在多个通信信号技术攻关中取得国际领先的原创性成果,培养了一批该领域的高端人才,为高原铁路建设提供了技术和人才支持[8]。

西部一些高校坚持从区域特色出发,积极融入国家的全局发展中,围绕地区经济与社会重大问题组织专门的研究团队,在政策和机制上予以积极的支持,大胆改革业绩考核和职称晋升制度,科学研究和人才培养都取得丰硕成果,产生了立足本校的院士、"杰青""长江学者"等优秀人才。这是西部高校发展的内生动力,任何外部的援助和政策的支持,只能通过这种内部因素才能发挥作用。上述例子说明地方高校只要坚持为地方经济服务,在制度和机制上勇于创新,同样可以做出具有国际水平的成果,为地方经济服务与办高水平大学并不是矛盾的。地方经济发展中的重大技术攻关和前沿问题,也必然是国家甚至国际上所关心的课题,解决这些问题的过程自然也带来科研成果的丰收和人才培养的提升。

为地方经济建设服务是西部高校办学的逻辑起点，也是必然坚守的底线。离开这个基本的建校初心，学校发展就会走入死胡同。在我们讨论未来15年左右的人才培养目标时，更加期待西部高校能够牢固树立为区域经济发展服务的办学思想，以服务求支持，以贡献求发展，在为地方经济培养人才和技术创新的过程中建成高水平的现代化高校。

6.2 西部高校的教育信息化与发展机遇

我国高等教育的发展经历了复杂的过程，其中既有稳步发展时期，又有快速发展的跃进。从管理体制上看经历了中央政府管理和地方政府管理的多次变动，从而形成现有的多级管理办学格局。仔细分析这种管理模式不是本书讨论的范围，我们关心的是，在这样的办学格局下形成了投资渠道、招生面向以及师资队伍结构的多样性和差异性。这是中国高等教育的国情，必须正视这种多样性所带来的办学条件的差别和教育资源配置的不均衡问题。

由于国家财政体制的原因，除了100多所大学由中央财政直接拨款外，其余1 000多所本科院校都是由各级地方政府拨款。根据财政状况的不同，所在地区经济条件好的高校可以获得较多的支持，而经济相对欠发达的地区能够给予高校的支持就少一些，其中的差距还是很大的。2016年，国家财政支持的教育部直属高校绝大多数年度决算都在10亿元以上，其中42所大学超过了30亿元，5所大学已经超过了100亿元。而地方高校年度决算最多的也只有20~30亿元，一些西部高校的年度决算只有2~3亿元[9,10]。当然对于办学经费不能简单做数字上的比较,不可能"一刀切"地制定办学经费标准。但即使去掉这些因素,不同地区和不同管理体制下的办学条件还是有很大的差别,这种差别自然会导致高校在发展目标和措施上的不同。

办学经费匮乏和思想观念滞后必然形成教育生态环境的落差,西部高校在政策和地域等大环境方面也存在很多限制,有些问题有待地方经济发展超过一定水平才有可能从根本上解决。但是我们更应该看到,教育生态环境建设的很多内容通过学校和学院自身的努力是可以做到的。不必消极等待和依靠,从这些方面先行做起,可以在大生态有待改进的背景下尽量优化小生态。例如,人才培养中的"方差大"问题,即学生的毕业差距比入学差距还要大,主要原因还是学校在校园文化和学习氛围等方面存在问题,需要通过紧张而有压力的教学安排培育学生的使命感和责任感,激发学生的内在学习动力,提升学校的办学品质,缩小与东部高校的差距。

信息技术为西部高等教育的发展带来了新的机遇,通过校园网和无线接入,可以实现教育内容和教学过程的信息化,达到"人人皆学、处处能学、时时可学"的学习环境,更好地促进以学生全面发展为中心的教学模式。互联网沟通了西部高校与全球的联系,很好地弥补了一些长期困扰学校的资源和条件的不足。学生和教师通过互联网技术了解各地的信息,获取需要的教育资源,努力实现"一生一空间,生生有特色"的差异化和个性化教学模式。

上海交通大学借助在线开放课程平台,汇聚了国内外十几家顶级企业的教育资源,包括华为、腾讯、浪潮、微软、思科、谷歌等,通过整理和提炼,形成适应高校讲授的教学内容,积极组织西部高校通过互联网实现协作式教学,为西部高校的学生在一流企业实习实训开辟了新的途径,一定程度上解决了西部高校实践教学环境欠佳,与一流信息企业联系先天不足的困境。通过互联网实现慕课形式的教学,可以很好地缓解优质教育资源不足的瓶颈问题,这是教育信息化十分重要和核心的内容,关于这个问题将在 6.4 节专门阐述。

教育部在 2016 年 6 月发布的《教育信息化"十三五"规划》中提出,到 2020 年基本实现教育信息化对学生全面发展的促进作用,对深化教育领域综合改革的支撑作用和对教育创新发展、均衡发展、优质发展的提升作用;基本形成具有国际先进水平、信息技术与教育融合创新发展的中国特色教育信息化发展路子。[11]展望 2035 年,信息化将彻底融入教育的方方面面,现在遇到的一些问题和困难通过信息技术的发展已经得到缓解甚至消弭。面对这样的趋势,西部高校应提前布局、提前行动,积极推进敏捷教学的改革,通过信息技术跨界跨域汇聚优质教育资源,实现办学条件和教学生态的改善与提升,以发展的视野寻求破解办学条件欠缺的新思路,实现"变轨加速",缩小与东部高校的差距。

在教育信息化的建设及普及过程中,只要我们的观念不断更新,从中获得的收益就会越来越多。在教学体系建设的各个环节,都能发现信息化给计算机教育带来的新模式与新思路。所以现在需要彻底摒弃陈旧的教育观念,积极融入信息化时代,以教育信息化为桥梁,创新改革思路,推进教育发展,开创西部高校借力信息化快速发展的新经验和新成就。

6.3　教师队伍建设与能力提升

　　东西部高校之间差距最明显的是师资队伍。受限于经费、地区、环境等条件,不同高校的教师能力和水平表现了很大的不同。在东部高校对于有着炫人学历和丰硕科研成果的申请者已经应接不暇的情况下,一些西部高校却还需要为引进一名博士做很多工作。从教师的学历结构看,东西部高校之间的差距甚大,东部高校的教师具有博士学位的比例已接近100%,而西部高校要达到这一标准可能仍需要10年的时间。在一些东部高校中,院士动辄十几人,"杰青"和"长江学者"更是数以百计;而西部高校中,这类人才却是凤毛麟角。据统计,截至2016年5月,共有3 487名长江学者入选,其中西部地方高校共71名,约占总数的2%[12];截至2016年3月,共有2 336位"千人计划"青年人才入选,而西部地方高校总共只有12位,仅占总数的0.5%[13]。从这个数字可以管中窥豹,东西部高校之间人才状况的差距有多大。师资队伍的差距所带来的是对于学科建设在视野与方向上的差距,自然也会影响到对于教育目标和学生培养标准的差距。

　　与此相对照的是,一些东部高校以高待遇来吸引优秀人才,使西部高校本就十分窘迫的人才问题更是雪上加霜。真正要改变这种状况还要期待国家的整体发展,缩小地区之间的差距。但是高校自身还是有积极作为的空间,破除人才政策方面的保守和死板,创造宽松灵活的用人机制,力所能及地给予优秀人才事业平台,使教师有成就感、幸福感和荣誉感,在事业发展中持续提升师资队伍建设水平[14]。

在我们调研的过程中了解到一些高校采取了有效的措施,推进教师特别是青年教师的成长成才,这些措施包括有计划地将青年教师送到国内外高水平大学深造,安排导师帮助青年教师过好教学关和科研关,在职称提升和各种奖项中鼓励教师做出优秀业绩,收到了良好的效果。在推进师资队伍建设中,关键的问题还是体制和机制的创新。当前西部地区的一些政策也影响了学校教师队伍的建设。例如对于高校的人员编制没有考虑到高校的学术性质和人才培养性质,采取与其他事业单位相同的管理办法,一名青年教师要么进入高校享受"铁饭碗",要么因为无编制而不能进入学校,缺少考查回旋的余地。

高校是一个知识生产和技术发明的机构,需要有一支学科知识扎实、专业能力突出、教育情怀深厚的教师队伍,这样的教师队伍必须通过严格的评价机制得以维护,国内外高校都是如此。现在国内的一些高水平大学正在推进教师的预聘—长聘制度,力图保持教师队伍的旺盛学术活力。西部高校是否实施这一制度还需视情况而定。但是如何采取积极有效的政策,实施教师分类评价机制,制定适合西部高校的人才专项和科研激励政策,建设一支高水平和有活力的教师队伍,却是摆在我们面前亟待突破的现实问题。

西部一些高校的教师队伍中不乏无所作为者。一些教师长期以来安于轻松地教学,采用已经过时的教材而不愿更改,对于教育改革没有热情,没有思路,更不要说研究如何提高教学水平和教育质量。比起教育资源相对不足而言,这种思想状态更加令人担忧。办学条件的欠缺可以通过积极努力和国家层面的政策获得改善,而思想上的懈怠才是最大的障碍,如果教师不想改革,任何对于改革的讨论都是徒劳的。

为此,必须克服惯性思维和畏难情绪,创新体制和机制建设,扎扎实实把提升教师队伍水平放在核心位置,实现教师队伍治理体系和治理能力现代化。

6.4 东西部协同发展与优质教育资源共享

6.4.1 对口支援

2001年,教育部颁布了《对口支援西部地区高等学校计划》,清华大学、北京大学等13所高校指定对口支援西部高校[15],期间多次调整计划,加强对口支援的范围和力度。2017年,教育部又发布了新的计划,继续增列一批高校支援西部高校。通过对口支援,以人才培养工作为中心,以学科专业建设、师资队伍建设、学校管理制度与运行机制建设为重点,全面支持受援高校合理定位、突出特色,提升办学能力和办学水平,更好地服务中西部经济社会发展,为长远发展奠定坚实基础。此举显然对于提升西部高校的办学水平,推进人才培养质量有着深远的意义。

经过十多年来坚持不懈的努力,受援高校的办学面貌发生了很大的变化,长期困扰西部高校的师资队伍、办学条件、教学体系建设、专业学科建设等问题都得到了很大的改善,实现了许多零的突破。

例如,2001年,浙江大学开始对口支援贵州大学,通过干部交流、教师培训以及制定各种发展计划,使得该校的办学面貌发生根本变化。贵州大学于 2005 年进入"211 工程"建设行列,2011 年本科教学质量评估获得优秀,2016 年通过本科教学审核评估,2017 年有一个学科被列入"双一流"建设学科[16]。

2001 年,清华大学对口支援青海大学,随后教育部又陆续批准西北农林大学、中国地质大学、华东理工大学、北京协和医学院对口支援青海大学,形成 5 所大学全方位支援一所学校的局面。青海大学从这些高校引入了先进的办学理念和管理模式,与之共同制定了提升人才培养质量、科研服务社会能力、教师学历能力、国际合作与交流水平的"4 个行动计划"。经过十多年的建设与发展,青海大学取得了飞速的发展,于 2007 年本科教学水平评估中获得优秀,2008 年进入国家"211 工程"建设行列;2017 年有一个学科进入国家"双一流"建设学科[17]。

除了对口支援的全面合作形式,很多高校还采取了在教学、科研、管理等方面的专项性合作。通过西部高校教师到东部高校挂职锻炼和岗位交流,或者东部高校教师到西部高校开设示范课程和举办培训班的方式,积极推进教师队伍的建设,取得了很好的成效。

例如,地处贵州西部的六盘水师范学院与上海工程技术大学、辽宁师范大学、大连大学建立了合作关系,通过选送教师进修、干部挂职锻炼、本科生交流等方式提升教学水平[18]。这种专项性的合作针对性强,容易取得效果。

我们十分期待东西部高校之间继续扩大和深入这样的双向合作,这是解决地方高校发展瓶颈的有效手段。根据我们调研的结果,一般而言,在教学方面的合作主要且重点应聚焦于以下三个方面：① 协助制定教学计划和教学体系建设规划；② 举办培训班提高教师教学水平；③ 选派教师开设示范性课程或专题讲座。

无论是对口支援还是专项性合作，其主要目的是将教学新观念、新模式和新结构引进受援学校，推进受援学校的教学体系建设与师资队伍建设，使受援学校在教学质量上有持久性和本质性提升。在这一点上，要高度重视思想和精神状态上的问题，不能迁就保守势力和落后文化带来的阻力。大学对口支援要十分重视校园文化的渗透和影响，只有先进的校园文化才会产生先进的教学和先进的管理，使得各种制度和机制建设扎根于牢固的土壤，不至于受各种因素的变动而摇摆。

6.4.2 慕课协同发展

东西部高校合作与协同发展的另一项重要内容就是慕课。

从 2014 年开始，中国高校计算机教育 MOOC 联盟设立了"中西部高校基于慕课的大学计算机课程改革"项目，探索将慕课模式引入西部高校，解决师资力量不足的问题，推进教育公平，提升人才培养质量。该项目选择哈尔滨工业大学、同济大学、浙江大学、北京理工大学等校名师开设的计算机基础课程，采用"1+M+N"慕课推广新模式（1 位名师开设 MOOC，跨区域协同 M 所高校开设与之相对应的 SPOC，使 N 位学生受益），在西部 30 多所高校实施了大规模的课程教学实践。这些高校有些处于西部偏远地区，教育资源相对匮乏。通过慕课这种新的教育模式将名师名课引入高校，不仅解决了教学质量的提高问题，更为重要的是开拓了教师的视野，提高了教师的教学水平,为师资队伍的建设展现了新的思路和途径。慕课对于西部高校的作用是全方位的,不仅有教学上的意义,更具有办学理念和师资队伍建设的意义。同时,慕课作为互联网教育的典型,也是实现教育公平的重要途径、实现终身学习的重要平台、疏解就业矛盾的重要方式,是西部高校发展应该借力的重要模式[19,20]。

例如,地处甘肃省张掖市的河西学院在实施过程中总结了"二三二模式",即围绕两个目标(快速提升教学质量,改善师资队伍建设水平),落实三个机制(以学生发展为中心的学习机制,以翻转课堂为特点的教学机制,以质量控制为导向的管理机制),做到两个保障(政策经费保障到位,信息化基础设施保障有力);充分利用慕课带来的现代教育理念推进和深化教育教学改革,解决慕课资源适用性与本土化问题,形成适合自身特点的信息化教学模式,取得了良好的教学效果和宝贵的实践经验。

贵州黔南民族师范学院通过制度建设,将慕课融入整体教学体系,对于传统的教学方法做了彻底的改变。通过学生的课外在线学习、课内讨论问题,极大地调动了学生的学习积极性,把以前教师满堂灌式的讲授方法变成了师生互动的启发式和问题型教学。学校规定的课程成绩中,期末考试成绩占 50%,在线学习成绩占 20%,平时测试和作业成绩占 30%,有效地提高了学生的课余时间利用率,也杜绝了学生平时不用心学习、考试前抄笔记刷课的现象。

与其说慕课是对高等教育的冲击,不如说慕课是高等教育的机遇,大学不会因为慕课而消失,却会因为慕课而更加精彩。通过互联网等信息手段,高等教育的优质资源共享成为触手可及的事情,高校之间的师资差异和资源配置不平衡问题可以得到缓解。正是由于慕课的出现与普及,我们所期待的面向所有高校、惠及所有学生的发展目标才更有可能成为现实。慕课向各类高校的延伸与渗透,带来了先进的办学思想与教学经验,对于学校的建设和发展具有更加重要的意义。

对于西部高校当前面临的困难与机遇,从学校内部而言,关键的问题是办学定位和师资队伍建设,为此我们介绍了一些西部高校的成功经验。这些案例说明,尽管困难是存在的,但是只要坚决落实为地方经济建设服务这个办学之本,西部高校同样是大有可为的。教育部和其他政府部门为了提振西部高校的发展,推行了一系列积极有效的政策和措施,这些都是西部高校发展的强劲动力。高校需要借助这些国家政策,形成相关的教学质量提升计划、教师进修培养计划、东西部高校合作计划等,内化为学校自身建设的具体行动。抓住当前数字经济转型和新工科建设的历史机遇,积极推进可持续竞争力人才培养的改革,必将大幅提升西部高校计算机教育的水平。

参考文献

[1] 人民网–中国共产党新闻网.中共中央关于制定国民经济和社会发展第十个五年计划的建议:2000 年 10 月 11 日中国共产党第十五届中央委员会第五次全体会议通过[EB/OL]. http://cpc. people. com. cn/GB/64162/71380/71382/71386/4837946.html.

[2] 新华社.国家发展改革委、外交部、商务部联合发布《推动共建丝绸之路经济

带和 21 世纪海上丝绸之路的愿景与行动》[EB/OL].2015-3-28.http://www.mofcom.gov.cn/article/resume/n/201504/20150400929655.shtml.

[3] 人民日报.教育部：力争 2020 年中西部出现一批高水平地方高校[EB/OL].2017-2-27.http://www.xinhuanet.com/2017-02/27/c_1120532533.htm.

[4] 潘懋元,吴玫.高等学校分类与定位问题[J].复旦教育论坛,2003(3).

[5] 刘明贵.中国西部地方高校定位及发展战略研究[J].科技进步与对策,2005(9).

[6] 吐尔根·依布拉音,袁保社.新疆少数民族语言文字信息处理研究与应用[J].中文信息学报,2011(6).

[7] 人民网.贵州省大数据产业研究院揭牌[EB/OL].2014-5-29.http://gz.people.com.cn/n/2014/0529/c194827-21312541.html.

[8] 甘肃日报.教授走出去成果用起来：记兰州交通大学促进科研成果转化的探索之路[EB/OL].2017-1-22.http://www.gansu.gov.cn/art/2017/1/22/art_36_298406.html.

[9] 腾讯教育.教育部直属高校公布 2016 年决算！5 所过百亿！[EB/OL].2017-8-9.http://edu.qq.com/a/20170809/015137.htm.

[10] 倪海,回世勇,吕晓英.我国教育经费投入地区差异实证研究[J].改革与发展,2014(5).

[11] 教育部.教育部关于印发《教育信息化"十三五"规划》的通知[EB/OL].教技[2016]2 号.2016-6-7.http://www.edu.cn/xxh/focus/zc/201606/t20160621_1417428.shtml.

[12] 中青在线.历年全部长江学者数量排行[EB/OL].2017-4-3,https://mp.weixin.qq.com/s/O_Phr5Kx4MoLwg_60QWonw.

[13] 搜狐教育.历年青年千人计划入选数据大汇总区域差别明显[EB/OL].2016-3-18.http://edu.chinaso.com/xiaoyuanshenghuo/detail/20160318/1000200032896681458205199761438446_1.html.

［14］新华社.中共中央国务院关于全面深化新时代教师队伍建设改革的意见［EB/OL］.2018-1-20.http://www.xinhuanet.com/politics/2018-01/31/c_1122349513.htm.

［15］教育部.关于实施"对口支援西部地区高等学校计划"的通知［EB/OL］.教高［2001］2号.2001-5-10.http://old.moe.gov.cn/publicfiles/business/html-files/moe/moe_744/200408/728.html.

［16］浙江大学.浙江大学开展对口支援贵州大学工作十年见成效［EB/OL］.2011-6-9.http://www.jyb.cn/high/zjzz/201106/t20110609_436187.html.

［17］李欣.引得春风度玉关:清华大学对口支援青海大学发展综述［N］.青海日报,2015-7-30.

［18］上海工程技术大学.上海工程技术大学与六盘水师范学院签订对口帮扶协议［EB/OL］.2011-11-12.http://cm.sues.edu.cn/old/18/e2/c14053a71906/page.psp.

［19］李晓明.慕课.北京:高等教育出版社,2015.

［20］徐晓飞.抓住慕课之机遇,促进计算机与软件专业教学改革［J］.中国大学教学,2014(1).

结　束　语

我们经常被问及，二三十年以后的计算机会发展到什么程度？准确回答这个问题是困难的，正如二三十年以前，我们无法想象今天的计算机会如此普及，如此影响我们的社会。但是与其预测未来的计算机是什么样子，不如问我们自己希望未来的计算机是什么样子。人类应该决定计算机发展的方向，而不是让计算机技术左右命运，掌握计算机未来发展的钥匙就在当前大学的教学中。"从天而颂之，孰与制天命而用之。"

凯文·凯利在《必然》一书中写道："此时此刻，今天，2016 年，就是创业的最佳时机"。纵观历史，从来没有哪一天会比今天更适合发明创造，从来没有哪个时代会比当前、当下、此时此刻更有机遇，更加开放，有更低的壁垒，更高的利益风险比，更多的回报和更积极的环境。未来的人们回顾此时此刻，会感慨道："哦，要是活在那个时代该多好！"。但是无论如何，未来必然比起今天更加精彩，一些更加伟大的发明会继续出现，但是发明人未必来自最好的高校。每一个学生都有可能成为未来伟大的工程师和科学家，大学的职责就是为这些学生的人生目标提供公平而优质的教育。既然信息技术是面向所有人的，也就必然依赖所有人的共同努力。信息社会进一步实现了人与人的平等，也赋予每一个人同等的发展权利，大众创业万众创新也提供了所有人成功的可能。"在一个联系超密集的世界中,不一样的思维是创新和财富的来源。仅仅聪明是不够的。"这种不一样的思维正在抹平人在地域、环境与社会地位等方面的差别,形成一个越来越密切联系和利益相关的整体,高校之间的协同发展是必然趋势。

中国的高等教育是全球高等教育的组成部分,未来在国际舞台上的合作与竞争使得我们所有的高校都不可能置身度外,必须投入这个信息技术带来的变革洪流,只有步调一致地相互支持才能实现我国计算机教育在新时代的发展。在当今社会,所有高校已经组成了高等教育发展的命运共同体。国家主席习近平在博鳌亚洲论坛2013年会上的主旨演讲中指出,我们生活在同一个地球村,应该牢固树立命运共同体意识,顺应时代潮流,把握正确方向,坚持同舟共济,推动亚洲和世界发展不断迈上新台阶。国家之间的关系是这样,高校之间的关系也是这样,学校不分研究型还是应用型,地区不分东部还是西部,相互联系和相互交流的程度空前加深,高等教育在未来与现实的交汇中成为一个整体,这个整体的背后是国家的综合实力和国际影响力,它需要所有高校的共同努力,而不只是少数几所高校的一枝独秀。

在这本书中,我们描绘了从今天走向未来的计算机教育改革之路、发展之路,其中既提出了把可持续竞争力的培养作为改革的重点和圭臬,也阐述了敏捷教学形态、协同支撑体系、教育开放生态各个方面实施目标一致的向心性改革,塑造了新型的计算机教育教学形态,改革的内容是综合性的、结构性的、甚至是颠覆性的。面向大规模多元化和个性化的人才培养新目标,做好计算机教育改革在形态、架构和模式上的设想虽然很有必要，但是却十分不够，真正生命力在于实现这些设想的行动。发展的道路是曲折的，我们可能遇到的问题也许要远远多于本书的设想，我们将要面临的抉择也许会超出本书的框架，我们期待着用充满活力的新鲜经验和成果修正和提升本书的内容。计算机教育改革永远在路上，只有到了 15 年之后的某个日子，当我们看到新一代的学生在世界舞台上的卓越表现，才可以说，今天所有高校共同做出的这些探索和努力是值得的。

中国已经确立了到 2035 年建成社会主义现代化国家的目标。在这个伟大的新征程中，作为当前最活跃的，与所有科学技术和经济关联最密切的计算机学科自然担负着特殊的使命与责任。没有新一代的计算机教育体系，没有新一代的计算机人才，就没有经济和社会的现代化，因而也就没有国家的现代化。我们期待在这个历史性的伟大变革中，计算机教育能够完成自身的华丽跃变，在世界舞台上展现国际一流中国特色的新光辉。

现代化国家的未来取决于当前的教育，它的基础就是所有大学生的可持续竞争力。

附录　论坛组织及报告出版大事记

序号	时间	会议名称和主要内容	地点	参加人
1	2016 年 4 月 27 日	提议组织高规格、小范围论坛,讨论计算机教育发展战略问题	张掖("CMOOC 联盟中西部项目现场工作会"期间)	李廉、马殿富、张龙
2	2016 年 6 月 3 日	首届论坛第 1 次筹备会,组建论坛核心组织	北京	李未、李廉、李晓明、马殿富、张龙
3	2016 年 7 月 3 日	首届论坛第 2 次筹备会,确定论坛主题	北京	李廉、徐晓飞、马殿富、张龙
4	2016 年 9 月 11 日	首届论坛第 3 次筹备会,讨论论坛报告概要	北京	李廉、徐晓飞、李晓明、马殿富、牛建伟、安宁、战德臣、张龙、倪文慧
5	2016 年 11 月 12 日	首届论坛第 4 次筹备会,讨论报告大纲和主要观点	厦门	李廉、徐晓飞、马殿富、孙茂松、何钦铭、战德臣、张龙

序号	时间	会议名称和主要内容	地点	参加人
6	2017 年 1 月 18—19 日	首届"计算机教育 20 人论坛",围绕报告六大主题进行交流研讨,凝练主要观点	海口	安宁、陈道蓄、傅育熙、郭哲、何钦铭、蒋宗礼、金海、李廉、李未、李晓明、马殿富、牛建伟、孙茂松、王怀民、王志英、徐晓飞、徐志伟、杨波、杨士强、战德臣、张龙、张铭 秘书组:倪文慧 谷歌公司:朱爱民
7	2017 年 7 月 9 日	第二届论坛第 1 次筹备会,讨论报告各章草稿,交流教学改革动向	北京	徐晓飞、李廉、李晓明、马殿富、张龙
8	2017 年 12 月 2 日	第二届论坛第 2 次筹备会,成立审稿组和执笔组,并确定第二届论坛会期和议程	郑州 ("第 13 届大学计算机课程报告论坛"期间)	徐晓飞、李廉、何钦铭、战德臣、韩飞、倪文慧
9	2017 年 12 月 16 日	第二届论坛第 3 次筹备会议,再次讨论各章草稿	广州 ("第 5 届 MOOC 与高校计算机课程建设研讨会"期间)	徐晓飞、李廉、马殿富、何钦铭、战德臣、刘卫东、张龙、韩飞、倪文慧

序号	时间	会议名称和主要内容	地点	参加人
10	2018 年 1 月 26—28 日	"第二届计算机教育 20 人论坛",围绕《计算机教育与可持续竞争力》报告 0.1 版各章具体内容进行深入细致的研讨	海口	陈道蓄、傅育熙、何钦铭、何炎祥、蒋宗礼、李廉、李晓明、刘强、刘卫东、马殿富、孙茂松、王志英、徐晓飞、杨波、战德臣、张龙、张铭 秘书组:韩飞、倪文慧 华为公司:冯宝帅、卢鹏、刘耀林
11	2018 年 3 月 10 日	《计算机教育与可持续竞争力》审读会,邀请不同类型高校教学负责人审读报告 0.2 版,并给出书面意见	北京	徐晓飞、李廉、王志英、马殿富、杨波、罗军舟、何钦铭、战德臣、王杨、党建武、施晓秋、陈立潮、吴尽昭、张龙、韩飞、倪文慧
12	2018 年 6 月 2—3 日	《计算机教育与可持续竞争力》第 1 次统稿会,对报告 0.9 版各章内容进行充分讨论,进一步理清全文脉络,确立"可持续竞争力"内涵,明确"敏捷教学"观点	威海	徐晓飞、李廉、李晓明、何炎祥、何钦铭、战德臣、刘卫东、张龙、韩飞、倪文慧

序号	时间	会议名称和主要内容	地点	参加人
13	2018 年 7 月 30 日	《计算机教育与可持续竞争力》执笔组讨论会,突出"敏捷教学"这个核心观点,重新梳理了各章大纲及相关内容	西宁("第七届计算思维与大学计算机课程教学改革研讨会"期间)	李廉、战德臣、何钦铭、刘卫东、韩飞
14	2018 年 8 月 12—13 日	《计算机教育与可持续竞争力》第 2 次统稿会,对报告 0.99 版各章内容进行充分讨论,丰富和完善主要论点的表述,增强内容的逻辑性,使之更加接近出版水平	兰州	徐晓飞、李廉、何炎祥、罗军舟、何钦铭、刘卫东、张龙、韩飞、倪文慧

郑重声明